“十二五”普通高等教育本科国家级规划教材

工程数学

——矢量分析与场论（第五版）

谢树艺

高等教育出版社·北京

内容提要

　　本书的主要内容，第一部分是矢量分析，第二部分是场论，其中主要介绍了数量场中的方向导数和梯度，矢量场中的通量和散度，以及环量和旋度，其后介绍了哈密顿算子∇，正交曲线坐标系，梯度、散度、旋度与调和量在正交曲线坐标系中的表示式。作为附录，又补充介绍了除柱面坐标系和球面坐标系外的若干具体的正交曲线坐标系，以资参考使用。

　　本书可作为高等学校工科类专业本课程的教材使用。

图书在版编目（CIP）数据

　　工程数学. 矢量分析与场论／谢树艺主编. --5 版. --北京：高等教育出版社，2019. 11（2024. 3 重印）
　　ISBN 978 - 7 - 04 - 052830 - 5

　　Ⅰ. ①工… Ⅱ. ①谢… Ⅲ. ①工程数学-高等学校-教材②矢量-分析-高等学校-教材③场论-高等学校-教材　Ⅳ. ①TB11

　　中国版本图书馆 CIP 数据核字（2019）第 227270 号

| 策划编辑 | 于丽娜 | 责任编辑 | 贾翠萍 | 封面设计 | 赵 阳 | 版式设计 | 童 丹 |
| 插图绘制 | 李沛蓉 | 责任校对 | 王 雨 | 责任印制 | 刁 毅 | | |

出版发行	高等教育出版社	网　　址	http://www.hep.edu.cn
社　　址	北京市西城区德外大街 4 号		http://www.hep.com.cn
邮政编码	100120	网上订购	http://www.hepmall.com.cn
印　　刷	中农印务有限公司		http://www.hepmall.com
开　　本	787mm×960mm　1/16		http://www.hepmall.cn
印　　张	9.75	版　　次	1978 年 12 月第 1 版
字　　数	160 千字		2019 年 11 月第 5 版
购书热线	010-58581118	印　　次	2024 年 3 月第 5 次印刷
咨询电话	400-810-0598	定　　价	23.50 元

本书如有缺页、倒页、脱页等质量问题，请到所购图书销售部门联系调换
版权所有　侵权必究
物料号　52830-00

第五版前言

本教材的第四版自2012年出版以来,迄今已6年多了,于2014年荣幸地入选“十二五”普通高等教育本科国家级规划教材。

这一版是在第四版的基础上作的进一步审改,主要是对一些被认为不够明确或不甚恰当之处作了又一次的修改。另外,在拉格朗日中值定理的推论之后补讲了用以表述矢性函数具有某种特性的充要条件的引理。又在讲了矢量场中矢量线方程的求法之后,增讲了矢量面方程的求法,再就是针对梯度在正交曲线坐标系中的表示式的推导法,换了一种讲法,而将原推导法归类放到学习辅导书的附录中介绍。此外,对例题与习题也作了相应的修改。

这里,编者还要向曾对此书提出过宝贵意见的读者和关心此书以及为此书的出版付出辛劳的同志表示衷心感谢!

在这一版中,仍难免存在缺点或不妥之处,诚望批评指正!

编　者

2019年3月于重庆大学

第四版前言

本教材自1978年出版第一版以来，已先后修订为第二版、第三版。教材被广泛地选用，迄今已逾30年，其中，第二版于1988年获国家教委高等学校优秀教材二等奖；后于1994年经高等教育出版社授权，由台湾凡异出版社用繁体字出版。

教材的这一版是在第三版的基础上修订的，在修订中根据课程的教学要求和广大使用者的宝贵意见，对全书作了认真的审核，将书中一些尚不够清楚、不够确切和不甚恰当之处作了进一步的修改，力求更趋完善。

本版在矢性函数的导数与微分部分，增加了矢性函数的“拉格朗日中值定理”，将其作为“*”号内容，它与原有的“*”号内容一样，都是相关内容的延伸，可供不同层次的教学采用，并资有兴趣的读者参阅。另外，为了在正交曲线坐标系中充实一点场的内容，在原第四章结尾处，增讲了广义雅可比矩阵以及有势场的势函数、管形场的矢势量、全微分求积和保守场中的曲线积分等。

此外，对书中的例题、习题以及习题答案均再次作了审核，并进行了适当调整。

这里编者要再次向关心此书和对此书提出宝贵意见的读者，表示衷心的感谢！

限于编者水平，第四版中仍难免存在缺点或不妥之处，诚望读者批评指正！

编　者

2011年10月于重庆大学

目　　录

第一章 矢量分析

这一章矢量分析,是矢量代数的继续,它是场论的基础知识,同时也是研究其他许多学科的有用工具,其主要内容是介绍矢性函数及其微分、积分等.

第一节 矢性函数

1. 矢性函数的概念

我们在矢量代数中,曾经学过模和方向都保持不变的矢量,这种矢量称为**常矢**(零矢量的方向为任意,可作为一个特殊的常矢量).然而,在许多科学、技术问题中,我们常常遇到模和方向或其中之一会改变的矢量,这种矢量称为**变矢**.例如当质点 M 沿曲线 l 运动时,其速度矢量 $\boldsymbol{v}$ 在运动过程中就是一个变矢,参看图 1-1.此外,在矢量分析中还引进了矢性函数的概念,其定义如下:

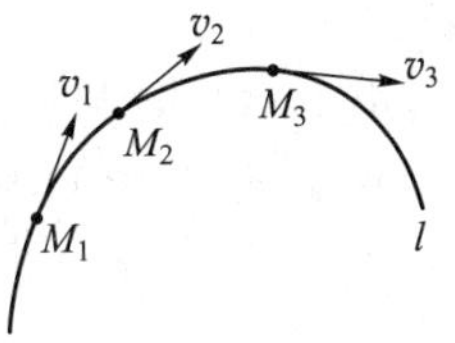

图 1-1

定义 设有数性变量 t 和变矢 $\boldsymbol{A}$,如果对于 t 在某个范围 G 内的每一个数值,$\boldsymbol{A}$ 都以一个确定的矢量和它对应,则称 $\boldsymbol{A}$ 为数性变量 t 的**矢性函数**,记作

$$\boldsymbol{A}=\boldsymbol{A}(t), \tag{1.1}$$

并称 G 为函数 $\boldsymbol{A}$ 的**定义域**.

矢性函数 $\boldsymbol{A}(t)$ 在 $Oxyz$ 直角坐标系中的三个坐标(即它在三个坐标轴上的投影),显然都是 t 的函数:

$$A_x(t),\quad A_y(t),\quad A_z(t),$$

所以,矢性函数 $\boldsymbol{A}(t)$ 的坐标表示式为

$$\boldsymbol{A}=A_x(t)\boldsymbol{i}+A_y(t)\boldsymbol{j}+A_z(t)\boldsymbol{k}, \tag{1.2}$$

其中 $\boldsymbol{i},\boldsymbol{j},\boldsymbol{k}$ 为沿 x,y,z 三个坐标轴正向的单位矢量.可见,一个矢性函数和三个有序的数性函数(坐标)构成一一对应的关系.

2. 矢端曲线

本章所讲的矢量均指**自由矢量**,就是当两矢量的模和方向都相同时,就认为它们是相等的.据此,为了能用图形来直观地表示矢性函数 $\boldsymbol{A}(t)$ 的变化状态,我们就可以把 $\boldsymbol{A}(t)$ 的起点取在坐标原点.这样,当 t 变化时,矢量 $\boldsymbol{A}(t)$ 的终

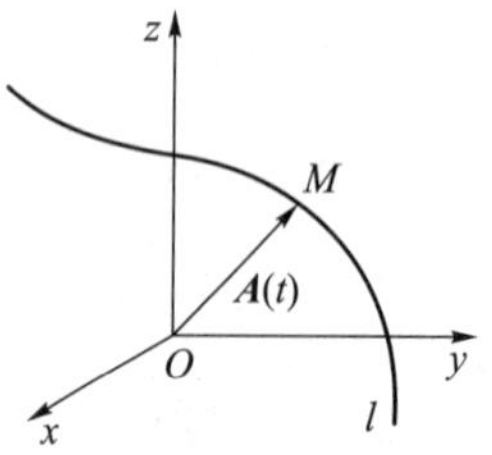

图 1-2

点 M 就描绘出一条曲线 l,如图 1-2.这条曲线叫做矢性函数$\boldsymbol{A}(t)$的**矢端曲线**,亦叫做矢性函数$\boldsymbol{A}(t)$的**图形**.同时称(1.1)式或(1.2)式为此曲线的**矢量方程**.

由矢量代数知道:起点在坐标原点 O,终点为 $M(x,y,z)$ 的矢量$\overrightarrow{OM}$叫做点 M(对于 O 点)的**矢径**,常用 $\boldsymbol{r}$ 表示:

$$\boldsymbol{r} = \overrightarrow{OM} = x\boldsymbol{i} + y\boldsymbol{j} + z\boldsymbol{k}.$$

当我们把矢性函数 $\boldsymbol{A}(t)$ 的起点取在坐标原点时,$\boldsymbol{A}(t)$ 实际上就成为其终点 $M(x,y,z)$ 的矢径.因此,$\boldsymbol{A}(t)$ 的三个坐标 $A_x(t)$,$A_y(t)$,$A_z(t)$ 就对应地等于其终点 M 的三个坐标 x,y,z,即有

$$x = A_x(t), \quad y = A_y(t), \quad z = A_z(t), \tag{1.3}$$

此式就是曲线 l 的以 t 为参数的**参数方程**.

容易看出,曲线 l 的矢量方程(1.2)和参数方程(1.3)之间,有着明显的一一对应关系,只要知道其中的一个,就可以立刻写出另一个来.

例如,已知圆柱螺旋线(图 1-3)的参数方程为

$$x = a\cos\theta, \quad y = a\sin\theta, \quad z = b\theta,$$

则其矢量方程为

$$\boldsymbol{r} = a\cos\theta\boldsymbol{i} + a\sin\theta\boldsymbol{j} + b\theta\boldsymbol{k}.$$

又如,已知摆线(图 1-4)的参数方程为

$$x = a(t - \sin t), \quad y = a(1 - \cos t),$$

则其矢量方程为

$$\boldsymbol{r} = a(t - \sin t)\boldsymbol{i} + a(1 - \cos t)\boldsymbol{j}.$$

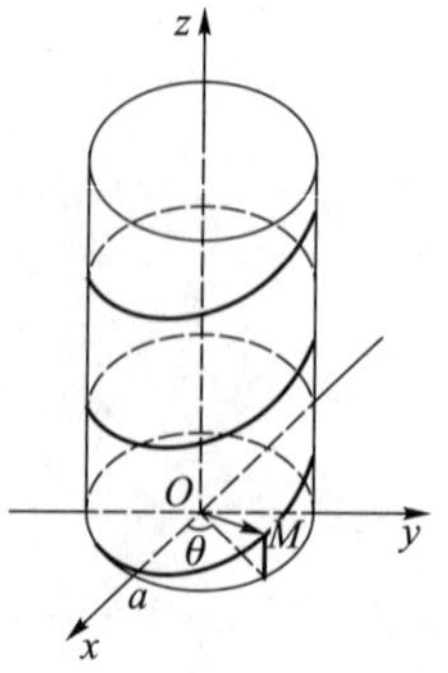

图 1-3

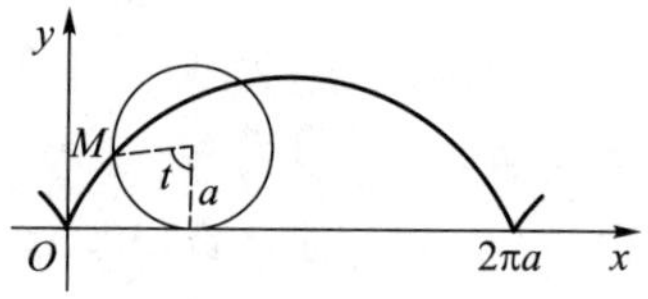

图 1-4

3. 矢性函数的极限和连续性

和数性函数一样，矢性函数的极限和连续性，是矢性函数的微分与积分的基础概念.兹分述于下：

(1) 矢性函数极限的定义

设矢性函数 $\boldsymbol{A}(t)$ 在点 t_0 的某个邻域内有定义(但在 t_0 处可以没有定义)，$\boldsymbol{A}_0$ 为一常矢.若对于任意给定的正数 ε，都存在一个正数 δ，使当 t 满足 $0<|t-t_0|<\delta$ 时，就有

$$|\boldsymbol{A}(t)-\boldsymbol{A}_0|<\varepsilon$$

成立，则称 $\boldsymbol{A}_0$ 为矢性函数 $\boldsymbol{A}(t)$ 当 $t\to t_0$ 时的**极限**，记作

$$\lim_{t\to t_0}\boldsymbol{A}(t)=\boldsymbol{A}_0. \tag{1.4}$$

这个定义与数性函数的极限定义完全类似.因此，矢性函数也就有类似于数性函数中的一些极限运算法则.例如

$$\lim_{t\to t_0}u(t)\boldsymbol{A}(t)=\lim_{t\to t_0}u(t)\lim_{t\to t_0}\boldsymbol{A}(t), \tag{1.5}$$

$$\lim_{t\to t_0}[\boldsymbol{A}(t)\pm\boldsymbol{B}(t)]=\lim_{t\to t_0}\boldsymbol{A}(t)\pm\lim_{t\to t_0}\boldsymbol{B}(t), \tag{1.6}$$

$$\lim_{t\to t_0}[\boldsymbol{A}(t)\cdot\boldsymbol{B}(t)]=\lim_{t\to t_0}\boldsymbol{A}(t)\cdot\lim_{t\to t_0}\boldsymbol{B}(t), \tag{1.7}$$

$$\lim_{t\to t_0}[\boldsymbol{A}(t)\times\boldsymbol{B}(t)]=\lim_{t\to t_0}\boldsymbol{A}(t)\times\lim_{t\to t_0}\boldsymbol{B}(t), \tag{1.8}$$

其中 $u(t)$ 为数性函数，$\boldsymbol{A}(t)$，$\boldsymbol{B}(t)$ 为矢性函数，且当 $t\to t_0$ 时，$u(t)$，$\boldsymbol{A}(t)$，$\boldsymbol{B}(t)$ 均有极限存在.

依此，设

$$\boldsymbol{A}(t)=A_x(t)\boldsymbol{i}+A_y(t)\boldsymbol{j}+A_z(t)\boldsymbol{k},$$

则由(1.6)式与(1.5)式有

$$\lim_{t\to t_0}\boldsymbol{A}(t)=\lim_{t\to t_0}A_x(t)\boldsymbol{i}+\lim_{t\to t_0}A_y(t)\boldsymbol{j}+\lim_{t\to t_0}A_z(t)\boldsymbol{k}, \tag{1.9}$$

此式把求矢性函数的极限，归结为求三个数性函数的极限.

(2) 矢性函数连续性的定义

若矢性函数 $\boldsymbol{A}(t)$ 在点 t_0 的某个邻域内有定义，而且有

$$\lim_{t\to t_0}\boldsymbol{A}(t)=\boldsymbol{A}(t_0), \tag{1.10}$$

则称 $\boldsymbol{A}(t)$ 在 $t=t_0$ 处**连续**.

容易看出：矢性函数 $\boldsymbol{A}(t)$ 在点 t_0 处连续的充要条件是它的三个坐标函数 $A_x(t)$，$A_y(t)$，$A_z(t)$ 都在 t_0 处连续.

若矢性函数 $\boldsymbol{A}(t)$ 在某个区间内的每一点处都连续，则称它**在该区间内连续**.

第二节　矢性函数的导数与微分

1. 矢性函数的导数

设有起点在点 O 的矢性函数 $\boldsymbol{A}(t)$，当数性变量 t 在其定义域内从 t 变到 $t+\Delta t\ (\Delta t\neq 0)$ 时，对应的矢量分别为

$$\boldsymbol{A}(t)=\overrightarrow{OM},$$

$$\boldsymbol{A}(t+\Delta t)=\overrightarrow{ON},$$

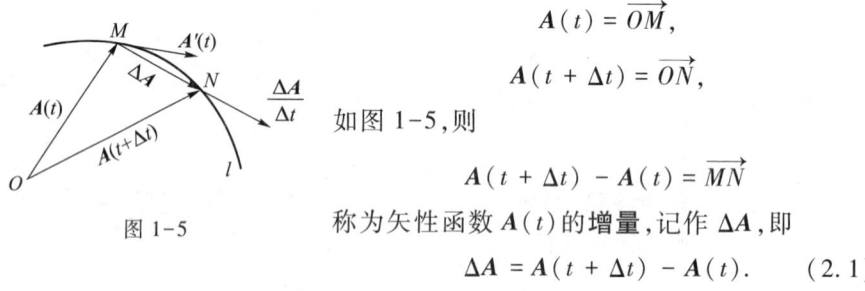

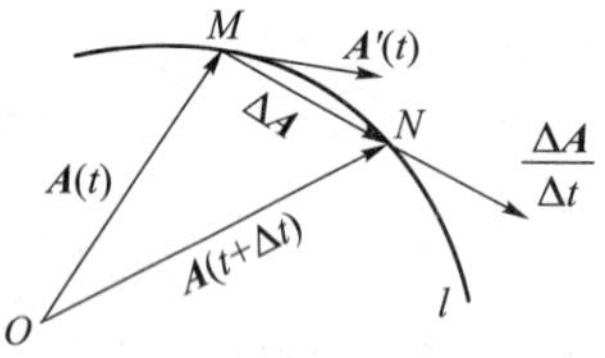

图 1-5

如图 1-5，则

$$\boldsymbol{A}(t+\Delta t)-\boldsymbol{A}(t)=\overrightarrow{MN}$$

称为矢性函数 $\boldsymbol{A}(t)$ 的**增量**，记作 $\Delta\boldsymbol{A}$，即

$$\Delta\boldsymbol{A}=\boldsymbol{A}(t+\Delta t)-\boldsymbol{A}(t). \tag{2.1}$$

据此，我们就可给出矢性函数的导数的定义.

定义　设矢性函数 $\boldsymbol{A}(t)$ 在点 t 的某一邻域内有定义，并设 $t+\Delta t$ 也在这邻域内.若 $\boldsymbol{A}(t)$ 对应于 Δt 的增量 $\Delta\boldsymbol{A}$ 与 Δt 之比

$$\frac{\Delta\boldsymbol{A}}{\Delta t}=\frac{\boldsymbol{A}(t+\Delta t)-\boldsymbol{A}(t)}{\Delta t}$$

当 $\Delta t\to 0$ 时，其极限存在，则称此极限为矢性函数 $\boldsymbol{A}(t)$ 在点 t 处的**导数**（简称**导矢**），记作 $\dfrac{\mathrm{d}\boldsymbol{A}}{\mathrm{d}t}$ 或 $\boldsymbol{A}'(t)$，即

$$\frac{\mathrm{d}\boldsymbol{A}}{\mathrm{d}t}=\lim_{\Delta t\to 0}\frac{\Delta\boldsymbol{A}}{\Delta t}=\lim_{\Delta t\to 0}\frac{\boldsymbol{A}(t+\Delta t)-\boldsymbol{A}(t)}{\Delta t}. \tag{2.2}$$

若 $\boldsymbol{A}(t)$ 由坐标式

$$\boldsymbol{A}(t)=A_x(t)\boldsymbol{i}+A_y(t)\boldsymbol{j}+A_z(t)\boldsymbol{k}$$

给出，且函数 $A_x(t)$，$A_y(t)$，$A_z(t)$ 在点 t 处可导，则有

$$\begin{aligned}\frac{\mathrm{d}\boldsymbol{A}}{\mathrm{d}t}&=\lim_{\Delta t\to 0}\frac{\Delta\boldsymbol{A}}{\Delta t}\\&=\lim_{\Delta t\to 0}\frac{\Delta A_x}{\Delta t}\boldsymbol{i}+\lim_{\Delta t\to 0}\frac{\Delta A_y}{\Delta t}\boldsymbol{j}+\lim_{\Delta t\to 0}\frac{\Delta A_z}{\Delta t}\boldsymbol{k},\\&=\frac{\mathrm{d}A_x}{\mathrm{d}t}\boldsymbol{i}+\frac{\mathrm{d}A_y}{\mathrm{d}t}\boldsymbol{j}+\frac{\mathrm{d}A_z}{\mathrm{d}t}\boldsymbol{k},\end{aligned}$$

即

$$\boldsymbol{A}'(t)=A'_x(t)\boldsymbol{i}+A'_y(t)\boldsymbol{j}+A'_z(t)\boldsymbol{k}. \tag{2.3}$$

此式把求矢性函数的导数归结为求三个数性函数的导数.

例 1　已知圆柱螺旋线的矢量方程为

$$\boldsymbol{r}(\theta)=a\cos\theta\boldsymbol{i}+a\sin\theta\boldsymbol{j}+b\theta\boldsymbol{k},$$

求导矢 $\boldsymbol{r}'(\theta)$.

解　$\boldsymbol{r}'(\theta)=(a\cos\theta)'\boldsymbol{i}+(a\sin\theta)'\boldsymbol{j}+(b\theta)'\boldsymbol{k}$

$=-a\sin\theta\boldsymbol{i}+a\cos\theta\boldsymbol{j}+b\boldsymbol{k}.$

例 2　设 $\boldsymbol{e}(\varphi)=\cos\varphi\boldsymbol{i}+\sin\varphi\boldsymbol{j}$,　$\boldsymbol{e}_1(\varphi)=-\sin\varphi\boldsymbol{i}+\cos\varphi\boldsymbol{j}$. 试证明:

$$\boldsymbol{e}'(\varphi)=\boldsymbol{e}_1(\varphi),\quad \boldsymbol{e}'_1(\varphi)=-\boldsymbol{e}(\varphi),$$

及

$$\boldsymbol{e}(\varphi)\perp\boldsymbol{e}_1(\varphi).$$

证

$$\begin{aligned}\boldsymbol{e}'(\varphi)&=(\cos\varphi)'\boldsymbol{i}+(\sin\varphi)'\boldsymbol{j}\\&=-\sin\varphi\boldsymbol{i}+\cos\varphi\boldsymbol{j}=\boldsymbol{e}_1(\varphi),\\ \boldsymbol{e}'_1(\varphi)&=(-\sin\varphi)'\boldsymbol{i}+(\cos\varphi)'\boldsymbol{j}\\&=-\cos\varphi\boldsymbol{i}-\sin\varphi\boldsymbol{j}=-\boldsymbol{e}(\varphi),\end{aligned}$$

因

$$\boldsymbol{e}(\varphi)\cdot\boldsymbol{e}_1(\varphi)=\cos\varphi(-\sin\varphi)+\sin\varphi\cos\varphi=0,$$

所以

$$\boldsymbol{e}(\varphi)\perp\boldsymbol{e}_1(\varphi).$$

容易看出,$\boldsymbol{e}(\varphi)$ 为一单位矢量,故其矢端曲线为一单位圆,因此 $\boldsymbol{e}(\varphi)$ 又叫做**圆函数**. 与之相伴出现的 $\boldsymbol{e}_1(\varphi)$,亦为单位矢量,其矢端曲线亦为单位圆,实际上

$$\boldsymbol{e}_1(\varphi)=\boldsymbol{e}\left(\varphi+\frac{\pi}{2}\right).$$

如图 1-6.

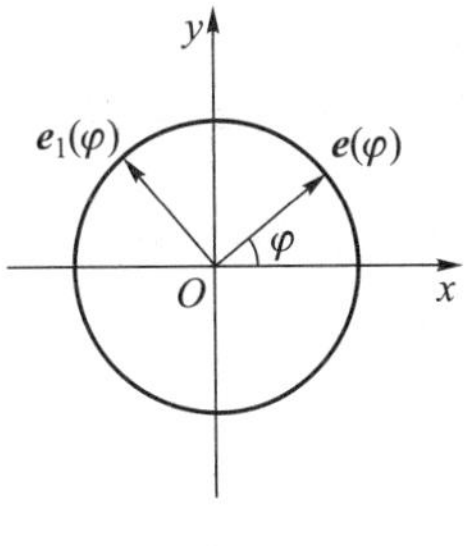

图 1-6

引用圆函数,圆柱螺旋线的方程就可简写为

$$\boldsymbol{r}(\theta)=a\boldsymbol{e}(\theta)+b\theta\boldsymbol{k},$$

其导矢

$$\boldsymbol{r}'(\theta)=a\boldsymbol{e}_1(\theta)+b\boldsymbol{k}.$$

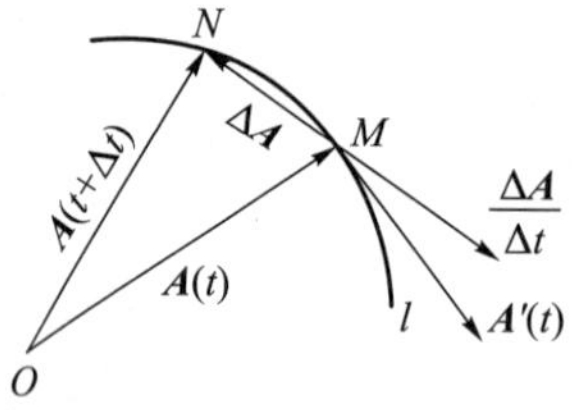

图 1-7

2. 导矢的几何意义

在图 1-5 中,l 为 $\boldsymbol{A}(t)$ 的矢端曲线,$\dfrac{\Delta\boldsymbol{A}}{\Delta t}$是在 l 的割线 MN 上的一个矢量.当 $\Delta t>0$ 时,其指向与 $\Delta\boldsymbol{A}$ 一致,系指向对应 t 值增大的一方;当 $\Delta t<0$ 时,其指向与 $\Delta\boldsymbol{A}$ 相反,如图1-7,但此时 $\Delta\boldsymbol{A}$ 指向对应 t 值减少的一方,从而$\dfrac{\Delta\boldsymbol{A}}{\Delta t}$仍指向对应 t 值增大的一方.

当 $\Delta t\to 0$ 时,由于割线 MN 绕点 M 转动,且以点 M 处的切线为其极限位置.此时,在割线上的矢量$\dfrac{\Delta\boldsymbol{A}}{\Delta t}$的极限位置,自然也就在此切线上,这就是说,导矢

$$\boldsymbol{A}'(t)=\lim_{\Delta t\to 0}\frac{\Delta\boldsymbol{A}}{\Delta t},$$

当其不为零时,是在点 M 处的切线上,且由上述可知,其方向恒指向对应 t 值增大的一方.故导矢在几何上为一矢端曲线的**切向矢量**,指向对应 t 值增大的一方.

例 3　求曲线 $x=t,y=-t^2,z=2t^3$,在对应于 $t=1$ 之点 M 处的切线方程和法平面方程.

解　曲线的矢量方程为

$$\boldsymbol{r}(t)=t\boldsymbol{i}-t^2\boldsymbol{j}+2t^3\boldsymbol{k}.$$

曲线的切向矢量为

$$\frac{\mathrm{d}\boldsymbol{r}}{\mathrm{d}t}=\boldsymbol{i}-2t\boldsymbol{j}+6t^2\boldsymbol{k}.$$

$$\left.\frac{\mathrm{d}\boldsymbol{r}}{\mathrm{d}t}\right|_M=\boldsymbol{i}-2\boldsymbol{j}+6\boldsymbol{k}.$$

由于点 M 的坐标为 $M(1,-1,2)$.故所求的切线方程为

$$\frac{x-1}{1}=\frac{y+1}{-2}=\frac{z-2}{6},$$

法平面方程为

$$x-1-2(y+1)+6(z-2)=0$$

或

$$x - 2y + 6z - 15 = 0.$$

3. 矢性函数的微分

(1) 微分的概念与几何意义

设有矢性函数 $\boldsymbol{A}=\boldsymbol{A}(t)$,我们把

$$\mathrm{d}\boldsymbol{A} = \boldsymbol{A}'(t)\,\mathrm{d}t \quad (\mathrm{d}t = \Delta t) \tag{2.4}$$

称为矢性函数 $\boldsymbol{A}(t)$在 t 处的**微分**.

由于微分 $\mathrm{d}\boldsymbol{A}$ 是导矢 $\boldsymbol{A}'(t)$与增量 Δt 的乘积,所以它是一个矢量,而且和导矢 $\boldsymbol{A}'(t)$一样,也在点 M 处与 $\boldsymbol{A}(t)$的矢端曲线 l 相切.但其指向:当 $\mathrm{d}t>0$ 时,与 $\boldsymbol{A}'(t)$的方向一致;而当 $\mathrm{d}t<0$ 时,则与 $\boldsymbol{A}'(t)$的方向相反,如图 1-8.

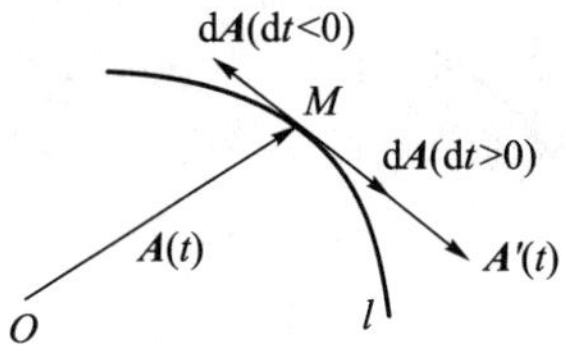

图 1-8

微分 $\mathrm{d}\boldsymbol{A}$ 的坐标表示式,可由(2.3)式求得,即

$$\begin{aligned}\mathrm{d}\boldsymbol{A} &= \boldsymbol{A}'(t)\,\mathrm{d}t\\ &= A'_x(t)\,\mathrm{d}t\boldsymbol{i} + A'_y(t)\,\mathrm{d}t\boldsymbol{j} + A'_z(t)\,\mathrm{d}t\boldsymbol{k}\end{aligned}$$

或

$$\mathrm{d}\boldsymbol{A} = \mathrm{d}A_x\boldsymbol{i} + \mathrm{d}A_y\boldsymbol{j} + \mathrm{d}A_z\boldsymbol{k}. \tag{2.5}$$

例 4　设 $\boldsymbol{r}(\theta)=a\cos\theta\boldsymbol{i}+b\sin\theta\boldsymbol{j}$,求 $\mathrm{d}\boldsymbol{r}$ 及 $|\mathrm{d}\boldsymbol{r}|$.

解

$$\begin{aligned}\mathrm{d}\boldsymbol{r} &= \mathrm{d}(a\cos\theta)\boldsymbol{i} + \mathrm{d}(b\sin\theta)\boldsymbol{j}\\ &= -a\sin\theta\mathrm{d}\theta\boldsymbol{i} + b\cos\theta\mathrm{d}\theta\boldsymbol{j}\\ &= (-a\sin\theta\boldsymbol{i} + b\cos\theta\boldsymbol{j})\,\mathrm{d}\theta.\end{aligned}$$

$$\begin{aligned}|\mathrm{d}\boldsymbol{r}| &= \sqrt{(-a\sin\theta\mathrm{d}\theta)^2 + (b\cos\theta\mathrm{d}\theta)^2}\\ &= \sqrt{a^2\sin^2\theta + b^2\cos^2\theta}\,|\mathrm{d}\theta|.\end{aligned}$$

(2) $\dfrac{\mathrm{d}\boldsymbol{r}}{\mathrm{d}s}$的几何意义

如果我们把矢性函数 $\boldsymbol{A}(t)=A_x(t)\boldsymbol{i}+A_y(t)\boldsymbol{j}+A_z(t)\boldsymbol{k}$ 看作其终点 $M(x,y,z)$ 的矢径函数

$$\boldsymbol{r} = x\boldsymbol{i} + y\boldsymbol{j} + z\boldsymbol{k},$$

这里 $x=A_x(t)$,$y=A_y(t)$,$z=A_z(t)$,则(2.5)式又可写为

$$\mathrm{d}\boldsymbol{r} = \mathrm{d}x\boldsymbol{i} + \mathrm{d}y\boldsymbol{j} + \mathrm{d}z\boldsymbol{k}, \tag{2.6}$$

其模

$$|\mathrm{d}\boldsymbol{r}| = \sqrt{(\mathrm{d}x)^2 + (\mathrm{d}y)^2 + (\mathrm{d}z)^2}. \tag{2.7}$$

通常都将矢性函数 $\boldsymbol{A}(t)$ 的矢端曲线 l 视为有向曲线，在无特别申明时，都是取 t 值增大的一方为 l 之正向.若在 l 上取定一点 M_0 作为计算弧长 s 的起点，并以 l 之正向(即 t 值增大的方向)作为 s 增大的方向，则在 l 上任一点 M 处，弧长的微分是

$$\mathrm{d}s = \pm\sqrt{(\mathrm{d}x)^2 + (\mathrm{d}y)^2 + (\mathrm{d}z)^2}.$$

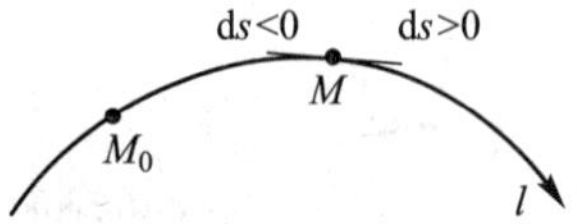

图 1-9

按下述办法取右端符号：以点 M 为界，当 $\mathrm{d}s$ 位于 s 增大一方时取正号；反之取负号，如图 1-9.

由此可见，有

$$|\mathrm{d}\boldsymbol{r}| = |\mathrm{d}s|, \tag{2.8}$$

就是说，矢性函数的微分的模，等于(其矢端曲线的)弧微分的绝对值.从而由

$$|\mathrm{d}\boldsymbol{r}| = \left|\frac{\mathrm{d}\boldsymbol{r}}{\mathrm{d}s}\mathrm{d}s\right| = \left|\frac{\mathrm{d}\boldsymbol{r}}{\mathrm{d}s}\right| \cdot |\mathrm{d}s|,$$

有

$$\left|\frac{\mathrm{d}\boldsymbol{r}}{\mathrm{d}s}\right| = \frac{|\mathrm{d}\boldsymbol{r}|}{|\mathrm{d}s|} = 1. \tag{2.9}$$

再结合导矢的几何意义，便知：矢性函数对(其矢端曲线的)弧长 s 的导数 $\frac{\mathrm{d}\boldsymbol{r}}{\mathrm{d}s}$ 在几何上为一**切向单位矢量**，恒指向 s 增大的一方.

例 5 证明 $\frac{\mathrm{d}s}{\mathrm{d}t} = \left|\frac{\mathrm{d}\boldsymbol{r}}{\mathrm{d}t}\right|$.

证 $\frac{\mathrm{d}\boldsymbol{r}}{\mathrm{d}t} = \frac{\mathrm{d}x}{\mathrm{d}t}\boldsymbol{i} + \frac{\mathrm{d}y}{\mathrm{d}t}\boldsymbol{j} + \frac{\mathrm{d}z}{\mathrm{d}t}\boldsymbol{k}$,

$$\left|\frac{\mathrm{d}\boldsymbol{r}}{\mathrm{d}t}\right| = \sqrt{\left(\frac{\mathrm{d}x}{\mathrm{d}t}\right)^2 + \left(\frac{\mathrm{d}y}{\mathrm{d}t}\right)^2 + \left(\frac{\mathrm{d}z}{\mathrm{d}t}\right)^2}.$$

由于 $\mathrm{d}s$ 与 $\mathrm{d}t$ 有相同的符号，故有

$$\begin{aligned}\frac{\mathrm{d}s}{\mathrm{d}t} &= \frac{\pm\sqrt{(\mathrm{d}x)^2 + (\mathrm{d}y)^2 + (\mathrm{d}z)^2}}{\pm\sqrt{(\mathrm{d}t)^2}} \\ &= \sqrt{\left(\frac{\mathrm{d}x}{\mathrm{d}t}\right)^2 + \left(\frac{\mathrm{d}y}{\mathrm{d}t}\right)^2 + \left(\frac{\mathrm{d}z}{\mathrm{d}t}\right)^2} \\ &= \left|\frac{\mathrm{d}\boldsymbol{r}}{\mathrm{d}t}\right|.\end{aligned}$$

由此知：矢端曲线的切向单位矢量

$$\frac{\mathrm{d}\boldsymbol{r}}{\mathrm{d}s}=\frac{\mathrm{d}\boldsymbol{r}}{\mathrm{d}t}\bigg/\frac{\mathrm{d}s}{\mathrm{d}t}=\frac{\mathrm{d}\boldsymbol{r}}{\mathrm{d}t}\bigg/\left|\frac{\mathrm{d}\boldsymbol{r}}{\mathrm{d}t}\right|.$$

例 6　求圆柱螺旋线 $\boldsymbol{r}=3\cos t\boldsymbol{i}+3\sin t\boldsymbol{j}+4t\boldsymbol{k}$ 的一个切向单位矢量 $\boldsymbol{\tau}$.

解

$$\frac{\mathrm{d}\boldsymbol{r}}{\mathrm{d}t}=-3\sin t\boldsymbol{i}+3\cos t\boldsymbol{j}+4\boldsymbol{k},$$

$$\left|\frac{\mathrm{d}\boldsymbol{r}}{\mathrm{d}t}\right|=\sqrt{(-3\sin t)^2+(3\cos t)^2+4^2}=5,$$

于是得切向单位矢量为

$$\boldsymbol{\tau}=\frac{\mathrm{d}\boldsymbol{r}}{\mathrm{d}s}=\frac{\mathrm{d}\boldsymbol{r}}{\mathrm{d}t}\bigg/\left|\frac{\mathrm{d}\boldsymbol{r}}{\mathrm{d}t}\right|$$

$$=-\frac{3}{5}\sin t\boldsymbol{i}+\frac{3}{5}\cos t\boldsymbol{j}+\frac{4}{5}\boldsymbol{k}.$$

4. 矢性函数的导数公式

设矢性函数 $\boldsymbol{A}=\boldsymbol{A}(t)$，$\boldsymbol{B}=\boldsymbol{B}(t)$ 及数性函数 $u=u(t)$ 在 t 的某个范围内可导，则下列公式在该范围内成立.

(1) $\dfrac{\mathrm{d}}{\mathrm{d}t}\boldsymbol{C}=\boldsymbol{0}$ （$\boldsymbol{C}$ 为常矢），

(2) $\dfrac{\mathrm{d}}{\mathrm{d}t}(\boldsymbol{A}\pm\boldsymbol{B})=\dfrac{\mathrm{d}\boldsymbol{A}}{\mathrm{d}t}\pm\dfrac{\mathrm{d}\boldsymbol{B}}{\mathrm{d}t}$,

(3) $\dfrac{\mathrm{d}}{\mathrm{d}t}(k\boldsymbol{A})=k\dfrac{\mathrm{d}\boldsymbol{A}}{\mathrm{d}t}$ （k 为常数），

(4) $\dfrac{\mathrm{d}}{\mathrm{d}t}(u\boldsymbol{A})=\dfrac{\mathrm{d}u}{\mathrm{d}t}\boldsymbol{A}+u\dfrac{\mathrm{d}\boldsymbol{A}}{\mathrm{d}t}$,

(5) $\dfrac{\mathrm{d}}{\mathrm{d}t}(\boldsymbol{A}\cdot\boldsymbol{B})=\boldsymbol{A}\cdot\dfrac{\mathrm{d}\boldsymbol{B}}{\mathrm{d}t}+\dfrac{\mathrm{d}\boldsymbol{A}}{\mathrm{d}t}\cdot\boldsymbol{B}$,

特例：$\dfrac{\mathrm{d}}{\mathrm{d}t}\boldsymbol{A}^2=2\boldsymbol{A}\cdot\dfrac{\mathrm{d}\boldsymbol{A}}{\mathrm{d}t}$（其中 $\boldsymbol{A}^2=\boldsymbol{A}\cdot\boldsymbol{A}$），

(6) $\dfrac{\mathrm{d}}{\mathrm{d}t}(\boldsymbol{A}\times\boldsymbol{B})=\boldsymbol{A}\times\dfrac{\mathrm{d}\boldsymbol{B}}{\mathrm{d}t}+\dfrac{\mathrm{d}\boldsymbol{A}}{\mathrm{d}t}\times\boldsymbol{B}$,

(7) 复合函数求导公式：若 $\boldsymbol{A}=\boldsymbol{A}(u)$，$u=u(t)$，则

$$\frac{\mathrm{d}\boldsymbol{A}}{\mathrm{d}t}=\frac{\mathrm{d}\boldsymbol{A}}{\mathrm{d}u}\frac{\mathrm{d}u}{\mathrm{d}t}.$$

这些公式的证明方法,与微积分学中数性函数的类似公式的证法完全相同.比如公式(5)可以这样证明:

$$\begin{aligned}\Delta(\boldsymbol{A}\cdot\boldsymbol{B}) &= (\boldsymbol{A}+\Delta\boldsymbol{A})\cdot(\boldsymbol{B}+\Delta\boldsymbol{B})-\boldsymbol{A}\cdot\boldsymbol{B}\\ &= \boldsymbol{A}\cdot\boldsymbol{B}+\boldsymbol{A}\cdot\Delta\boldsymbol{B}+\Delta\boldsymbol{A}\cdot\boldsymbol{B}+\Delta\boldsymbol{A}\cdot\Delta\boldsymbol{B}-\boldsymbol{A}\cdot\boldsymbol{B}\\ &= \boldsymbol{A}\cdot\Delta\boldsymbol{B}+\Delta\boldsymbol{A}\cdot\boldsymbol{B}+\Delta\boldsymbol{A}\cdot\Delta\boldsymbol{B},\end{aligned}$$

以 Δt 除两端,有

$$\frac{\Delta(\boldsymbol{A}\cdot\boldsymbol{B})}{\Delta t}=\boldsymbol{A}\cdot\frac{\Delta\boldsymbol{B}}{\Delta t}+\frac{\Delta\boldsymbol{A}}{\Delta t}\cdot\boldsymbol{B}+\Delta\boldsymbol{A}\cdot\frac{\Delta\boldsymbol{B}}{\Delta t},$$

再令 $\Delta t\to 0$ 两端取极限,就得到

$$\begin{aligned}\frac{\mathrm{d}}{\mathrm{d}t}(\boldsymbol{A}\cdot\boldsymbol{B}) &= \boldsymbol{A}\cdot\frac{\mathrm{d}\boldsymbol{B}}{\mathrm{d}t}+\frac{\mathrm{d}\boldsymbol{A}}{\mathrm{d}t}\cdot\boldsymbol{B}+\boldsymbol{0}\cdot\frac{\mathrm{d}\boldsymbol{B}}{\mathrm{d}t}\\ &= \boldsymbol{A}\cdot\frac{\mathrm{d}\boldsymbol{B}}{\mathrm{d}t}+\frac{\mathrm{d}\boldsymbol{A}}{\mathrm{d}t}\cdot\boldsymbol{B}.\end{aligned}$$

例 7 设 $\boldsymbol{A}=t^2\boldsymbol{i}-t\boldsymbol{j}+(2t+1)\boldsymbol{k}$, $\boldsymbol{B}=(2t-3)\boldsymbol{i}+\boldsymbol{j}-t\boldsymbol{k}$.求在 $t=1$ 时的

(1) $\frac{\mathrm{d}}{\mathrm{d}t}(\boldsymbol{A}\cdot\boldsymbol{B})$; (2) $\frac{\mathrm{d}}{\mathrm{d}t}|\boldsymbol{A}+\boldsymbol{B}|$.

解 (1) $\frac{\mathrm{d}}{\mathrm{d}t}(\boldsymbol{A}\cdot\boldsymbol{B})=\boldsymbol{A}\cdot\frac{\mathrm{d}\boldsymbol{B}}{\mathrm{d}t}+\frac{\mathrm{d}\boldsymbol{A}}{\mathrm{d}t}\cdot\boldsymbol{B}$.

其中

$$\frac{\mathrm{d}\boldsymbol{A}}{\mathrm{d}t}=2t\boldsymbol{i}-\boldsymbol{j}+2\boldsymbol{k},\quad \frac{\mathrm{d}\boldsymbol{B}}{\mathrm{d}t}=2\boldsymbol{i}+0\boldsymbol{j}-\boldsymbol{k}.$$

当 $t=1$ 时,

$$\boldsymbol{A}=\boldsymbol{i}-\boldsymbol{j}+3\boldsymbol{k},\quad \boldsymbol{B}=-\boldsymbol{i}+\boldsymbol{j}-\boldsymbol{k}.$$

$$\frac{\mathrm{d}\boldsymbol{A}}{\mathrm{d}t}=2\boldsymbol{i}-\boldsymbol{j}+2\boldsymbol{k},\quad \frac{\mathrm{d}\boldsymbol{B}}{\mathrm{d}t}=2\boldsymbol{i}+0\boldsymbol{j}-\boldsymbol{k}.$$

故当 $t=1$ 时,

$$\begin{aligned}\frac{\mathrm{d}}{\mathrm{d}t}(\boldsymbol{A}\cdot\boldsymbol{B}) &= (\boldsymbol{i}-\boldsymbol{j}+3\boldsymbol{k})\cdot(2\boldsymbol{i}+0\boldsymbol{j}-\boldsymbol{k})+\\ &\quad (2\boldsymbol{i}-\boldsymbol{j}+2\boldsymbol{k})\cdot(-\boldsymbol{i}+\boldsymbol{j}-\boldsymbol{k})\\ &= (2+0-3)+(-2-1-2)\\ &= -6.\end{aligned}$$

(2) $\boldsymbol{A}+\boldsymbol{B}=(t^2+2t-3)\boldsymbol{i}+(1-t)\boldsymbol{j}+(t+1)\boldsymbol{k}$,

$$|\boldsymbol{A}+\boldsymbol{B}|=\sqrt{(t^2+2t-3)^2+(1-t)^2+(t+1)^2},$$

$$\frac{\mathrm{d}}{\mathrm{d}t}|\boldsymbol{A}+\boldsymbol{B}|=\frac{(t^2+2t-3)(2t+2)-(1-t)+(t+1)}{\sqrt{(t^2+2t-3)^2+(1-t)^2+(t+1)^2}}.$$

当 $t=1$ 时,

$$\frac{\mathrm{d}}{\mathrm{d}t}|\boldsymbol{A}+\boldsymbol{B}|=\frac{2}{\sqrt{4}}=1.$$

例 8　设 $\boldsymbol{A}=\sin t\boldsymbol{i}+\cos t\boldsymbol{j}+t\boldsymbol{k}$, $\boldsymbol{B}=\cos t\boldsymbol{i}-\sin t\boldsymbol{j}-3\boldsymbol{k}$, $\boldsymbol{C}=2\boldsymbol{i}+3\boldsymbol{j}-\boldsymbol{k}$.求在 $t=0$ 处的$\dfrac{\mathrm{d}}{\mathrm{d}t}(\boldsymbol{A}\times(\boldsymbol{B}\times\boldsymbol{C}))$.

解　$\dfrac{\mathrm{d}}{\mathrm{d}t}(\boldsymbol{A}\times(\boldsymbol{B}\times\boldsymbol{C}))$

$$=\boldsymbol{A}\times\frac{\mathrm{d}}{\mathrm{d}t}(\boldsymbol{B}\times\boldsymbol{C})+\frac{\mathrm{d}\boldsymbol{A}}{\mathrm{d}t}\times(\boldsymbol{B}\times\boldsymbol{C})$$

$$=\boldsymbol{A}\times\left(\boldsymbol{B}\times\frac{\mathrm{d}\boldsymbol{C}}{\mathrm{d}t}+\frac{\mathrm{d}\boldsymbol{B}}{\mathrm{d}t}\times\boldsymbol{C}\right)+\frac{\mathrm{d}\boldsymbol{A}}{\mathrm{d}t}\times(\boldsymbol{B}\times\boldsymbol{C})$$

$$=\boldsymbol{A}\times\left(\boldsymbol{B}\times\frac{\mathrm{d}\boldsymbol{C}}{\mathrm{d}t}\right)+\boldsymbol{A}\times\left(\frac{\mathrm{d}\boldsymbol{B}}{\mathrm{d}t}\times\boldsymbol{C}\right)+\frac{\mathrm{d}\boldsymbol{A}}{\mathrm{d}t}\times(\boldsymbol{B}\times\boldsymbol{C}),$$

其中

$$\frac{\mathrm{d}\boldsymbol{A}}{\mathrm{d}t}=\cos t\boldsymbol{i}-\sin t\boldsymbol{j}+\boldsymbol{k},$$

$$\frac{\mathrm{d}\boldsymbol{B}}{\mathrm{d}t}=-\sin t\boldsymbol{i}-\cos t\boldsymbol{j},\quad \frac{\mathrm{d}\boldsymbol{C}}{\mathrm{d}t}=\boldsymbol{0}.$$

在 $t=0$ 处,

$$\boldsymbol{A}=\boldsymbol{j},\quad \boldsymbol{B}=\boldsymbol{i}-3\boldsymbol{k},\quad \boldsymbol{C}=2\boldsymbol{i}+3\boldsymbol{j}-\boldsymbol{k},$$

$$\frac{\mathrm{d}\boldsymbol{A}}{\mathrm{d}t}=\boldsymbol{i}+\boldsymbol{k},\quad \frac{\mathrm{d}\boldsymbol{B}}{\mathrm{d}t}=-\boldsymbol{j},\quad \frac{\mathrm{d}\boldsymbol{C}}{\mathrm{d}t}=\boldsymbol{0}.$$

由此,在 $t=0$ 处,按二重矢量积公式

$$\boldsymbol{a}\times(\boldsymbol{b}\times\boldsymbol{c})=(\boldsymbol{a}\cdot\boldsymbol{c})\boldsymbol{b}-(\boldsymbol{a}\cdot\boldsymbol{b})\boldsymbol{c}$$

有

$$\frac{\mathrm{d}}{\mathrm{d}t}(\boldsymbol{A}\times(\boldsymbol{B}\times\boldsymbol{C}))$$

$$=\boldsymbol{0}+(\boldsymbol{A}\cdot\boldsymbol{C})\frac{\mathrm{d}\boldsymbol{B}}{\mathrm{d}t}-\left(\boldsymbol{A}\cdot\frac{\mathrm{d}\boldsymbol{B}}{\mathrm{d}t}\right)\boldsymbol{C}+\left(\frac{\mathrm{d}\boldsymbol{A}}{\mathrm{d}t}\cdot\boldsymbol{C}\right)\boldsymbol{B}-\left(\frac{\mathrm{d}\boldsymbol{A}}{\mathrm{d}t}\cdot\boldsymbol{B}\right)\boldsymbol{C}$$

$$=\boldsymbol{0}-3\boldsymbol{j}+(2\boldsymbol{i}+3\boldsymbol{j}-\boldsymbol{k})+(\boldsymbol{i}-3\boldsymbol{k})+2(2\boldsymbol{i}+3\boldsymbol{j}-\boldsymbol{k})$$

$$=7\boldsymbol{i}+6\boldsymbol{j}-6\boldsymbol{k}.$$

例 9　设 $\boldsymbol{A}(t)=t\sin t\boldsymbol{i}+t\cos t\boldsymbol{j}+\sqrt{1-t^2}\boldsymbol{k}$.

(1) 证明 $\boldsymbol{A}(t)$ 为单位矢量；

(2) 验证 $\boldsymbol{A}\cdot\dfrac{\mathrm{d}\boldsymbol{A}}{\mathrm{d}t}=0$；

(3) 求出 $\left|\dfrac{\mathrm{d}\boldsymbol{A}}{\mathrm{d}t}\right|$ 以说明单位矢量的导矢一般不再是单位矢量.

解　(1) 由于

$$|\boldsymbol{A}(t)|=\sqrt{t^2\sin^2 t+t^2\cos^2 t+(1-t^2)}=1,$$

故 $\boldsymbol{A}(t)$ 为单位矢量.

(2) 因

$$\frac{\mathrm{d}\boldsymbol{A}}{\mathrm{d}t}=(\sin t+t\cos t)\boldsymbol{i}+(\cos t-t\sin t)\boldsymbol{j}-\frac{t}{\sqrt{1-t^2}}\boldsymbol{k},$$

于是有

$$\boldsymbol{A}\cdot\frac{\mathrm{d}\boldsymbol{A}}{\mathrm{d}t}=(t\sin^2 t+t^2\sin t\cos t)+(t\cos^2 t-t^2\cos t\sin t)-t$$

$$=t(\sin^2 t+\cos^2 t)-t=0.$$

(3) $$\left|\frac{\mathrm{d}\boldsymbol{A}}{\mathrm{d}t}\right|^2=(\sin t+t\cos t)^2+(\cos t-t\sin t)^2+\frac{t^2}{1-t^2}$$

$$=1+t^2+\frac{t^2}{1-t^2}=t^2+\frac{1}{1-t^2}.$$

可见 $\left|\dfrac{\mathrm{d}\boldsymbol{A}}{\mathrm{d}t}\right|=\sqrt{t^2+\dfrac{1}{1-t^2}}\neq 1$.这说明单位矢量的导矢一般不再是单位矢量.

5. 导矢的物理意义

设质点 M 在空间运动,其矢径 $\boldsymbol{r}$ 与时间 t 的函数关系为

$$\boldsymbol{r}=\boldsymbol{r}(t).$$

这个函数的矢端曲线 l 就是质点 M 的运动轨迹，如图 1-10.

为了说明导矢 $\dfrac{\mathrm{d}\boldsymbol{r}}{\mathrm{d}t}$ 的物理意义，假定质点在时刻 $t=0$ 时位于点 M_0 处，经过一段时间 t 以后到达点 M，其间在 l 上所经过的路程为 s. 这样，点 M 的矢径 $\boldsymbol{r}$ 显然是路程 s 的函数，而 s 又是时间 t 的函数，从而可以将 $\boldsymbol{r}=\boldsymbol{r}(t)$ 看作 $\boldsymbol{r}$ 是通过中间变量 s 而成为时间 t 的一个复合函数. 于是由复合函数的求导公式(7)有

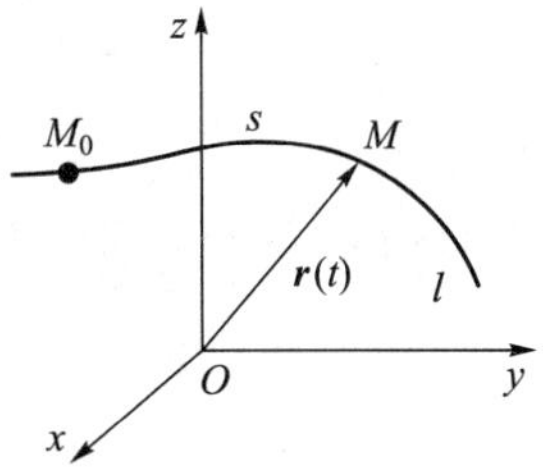

图 1-10

$$\frac{\mathrm{d}\boldsymbol{r}}{\mathrm{d}t}=\frac{\mathrm{d}\boldsymbol{r}}{\mathrm{d}s}\frac{\mathrm{d}s}{\mathrm{d}t},$$

式中 $\dfrac{\mathrm{d}\boldsymbol{r}}{\mathrm{d}s}$ 的几何意义，如前段所述，是在点 M 处的一个切向单位矢量，指向 s 增大的一方. 因此，它表示在点 M 处质点运动的方向，现以 $\boldsymbol{\tau}$ 表示之；而式中的 $\dfrac{\mathrm{d}s}{\mathrm{d}t}$ 是路程 s 对时间 t 的变化率. 所以它表示在点 M 处质点运动的速度大小，如以 v 表示之，则

$$\frac{\mathrm{d}\boldsymbol{r}}{\mathrm{d}t}=v\boldsymbol{\tau}.$$

由此可见，导矢 $\dfrac{\mathrm{d}\boldsymbol{r}}{\mathrm{d}t}$ 表示出了质点 M 运动的速度大小和方向，因而它就是质点 M 运动的**速度矢量** $\boldsymbol{v}$，即

$$\boldsymbol{v}=\frac{\mathrm{d}\boldsymbol{r}}{\mathrm{d}t}=v\boldsymbol{\tau}. \tag{2.10}$$

若定义二阶导矢 $\dfrac{\mathrm{d}^2\boldsymbol{r}}{\mathrm{d}t^2}=\dfrac{\mathrm{d}}{\mathrm{d}t}\left(\dfrac{\mathrm{d}\boldsymbol{r}}{\mathrm{d}t}\right)$，则 $\boldsymbol{w}=\dfrac{\mathrm{d}\boldsymbol{v}}{\mathrm{d}t}=\dfrac{\mathrm{d}^2\boldsymbol{r}}{\mathrm{d}t^2}$ 为质点 M 运动的**加速度矢量**.

例 10　一质点以常角速度在圆周 $\boldsymbol{r}=a\boldsymbol{e}(\varphi)$ 上运动，证明其加速度为

$$\boldsymbol{w}=-\frac{v^2}{a^2}\boldsymbol{r},$$

其中常数 $a>0$，v 为速度 $\boldsymbol{v}$ 的模.

证
$$\boldsymbol{v}=\frac{\mathrm{d}\boldsymbol{r}}{\mathrm{d}t}=a\boldsymbol{e}_1(\varphi)\ \frac{\mathrm{d}\varphi}{\mathrm{d}t},$$

其中$\frac{\mathrm{d}\varphi}{\mathrm{d}t}$为角速度的模,已知其为常数.从而加速度

$$\boldsymbol{w}=\frac{\mathrm{d}\boldsymbol{v}}{\mathrm{d}t}=-a\boldsymbol{e}(\varphi)\left(\frac{\mathrm{d}\varphi}{\mathrm{d}t}\right)^2=-\left(\frac{\mathrm{d}\varphi}{\mathrm{d}t}\right)^2\boldsymbol{r}.$$

由于$v=|\boldsymbol{v}|=a\frac{\mathrm{d}\varphi}{\mathrm{d}t}$或$v^2=a^2\left(\frac{\mathrm{d}\varphi}{\mathrm{d}t}\right)^2$.由此解出

$$\left(\frac{\mathrm{d}\varphi}{\mathrm{d}t}\right)^2=\frac{v^2}{a^2},$$

代入上式,就得到

$$\boldsymbol{w}=-\frac{v^2}{a^2}\boldsymbol{r}.$$

*6. 拉格朗日中值定理

这里介绍一个矢性函数的中值定理.即

拉格朗日(Lagrange)中值定理 设矢性函数

$$\boldsymbol{A}(t)=A_x(t)\boldsymbol{i}+A_y(t)\boldsymbol{j}+A_z(t)\boldsymbol{k}$$

在闭区间$[a,b]$上连续,在开区间(a,b)内可导,则在(a,b)内至少存在三点ξ_1,ξ_2,ξ_3 $(a<\xi_1,\xi_2,\xi_3<b)$使等式

$$\boldsymbol{A}(b)-\boldsymbol{A}(a)=(b-a)[A_x'(\xi_1)\boldsymbol{i}+A_y'(\xi_2)\boldsymbol{j}+A_z'(\xi_3)\boldsymbol{k}] \tag{2.11}$$

成立.

证 由条件知,矢量$\boldsymbol{A}(t)$的三个坐标函数$A_x(t),A_y(t),A_z(t)$都在闭区间$[a,b]$上连续,在开区间(a,b)内可导.对这三个函数分别应用数性函数的拉格朗日中值定理,即知在区间(a,b)内,至少存在三个数ξ_1,ξ_2,ξ_3使下面三式成立

$$A_x(b)-A_x(a)=(b-a)A_x'(\xi_1),$$
$$A_y(b)-A_y(a)=(b-a)A_y'(\xi_2),$$
$$A_z(b)-A_z(a)=(b-a)A_z'(\xi_3).$$

在区间(a,b)内的三个数ξ_1,ξ_2,ξ_3一般不相等.兹用$\boldsymbol{i},\boldsymbol{j},\boldsymbol{k}$依次乘上面三式的两端后再相加,即得公式(2.11).

公式(2.11)亦称为**拉格朗日公式**或**有限增量公式**.

作为拉格朗日中值定理的应用,我们来导出两个有用的推论:

推论 1　若函数 $\boldsymbol{A}(t)$ 在区间 I 上的导数 $\dfrac{\mathrm{d}\boldsymbol{A}}{\mathrm{d}t}\equiv\boldsymbol{0}$，则 $\boldsymbol{A}(t)$ 在区间 I 上是一个常矢量.

证　在区间 I 上任意取两点 t_1,t_2 $(t_1<t_2)$，则由拉格朗日中值定理有

$$\boldsymbol{A}(t_2)-\boldsymbol{A}(t_1)=(t_2-t_1)[A_x'(\xi_1)\boldsymbol{i}+A_y'(\xi_2)\boldsymbol{j}+A_z'(\xi_3)\boldsymbol{k}],$$

其中 ξ_1,ξ_2,ξ_3 均在 t_1 与 t_2 之间.由假定，在区间 I 上有

$$\frac{\mathrm{d}\boldsymbol{A}}{\mathrm{d}t}\equiv\boldsymbol{0}.$$

故有

$$A_x'(t)\equiv A_y'(t)\equiv A_z'(t)\equiv 0.$$

从而有

$$A_x'(\xi_1)=A_y'(\xi_2)=A_z'(\xi_3)=0.$$

所以有

$$\boldsymbol{A}(t_2)-\boldsymbol{A}(t_1)=\boldsymbol{0}.$$

即有

$$\boldsymbol{A}(t_2)=\boldsymbol{A}(t_1).$$

由于 t_1,t_2 是区间 I 上的任意两点，所以上面的等式表明：$\boldsymbol{A}(t)$ 在区间上的函数值总是相等的.这就是说 $\boldsymbol{A}(t)$ 在区间 I 上是一个常矢量.

推论 2　若在区间 I 上两个函数 $\boldsymbol{A}(t)$ 与 $\boldsymbol{B}(t)$ 有相同的导数，则函数 $\boldsymbol{A}(t)$ 与函数 $\boldsymbol{B}(t)$ 在区间 I 上，只相差一个常矢量.

证　由条件知

$$\boldsymbol{A}'(t)\equiv\boldsymbol{B}'(t).$$

即有

$$[\boldsymbol{A}(t)-\boldsymbol{B}(t)]'\equiv\boldsymbol{0}.$$

根据推论 1，则 $\boldsymbol{A}(t)-\boldsymbol{B}(t)$ 在区间 I 上是一个常矢量.记为

$$\boldsymbol{A}(t)-\boldsymbol{B}(t)=\boldsymbol{C}\ (\boldsymbol{C}\text{ 为常矢量})$$

或

$$\boldsymbol{A}(t)=\boldsymbol{B}(t)+\boldsymbol{C}.$$

这即表明函数 $\boldsymbol{A}(t)$ 与函数 $\boldsymbol{B}(t)$ 在区间 I 上，只相差一个常矢量.

这里我们来介绍三个命题：

引理 1　矢量 $\boldsymbol{A}(t)$ 具有固定长度的充要条件是

$$\boldsymbol{A}\cdot\boldsymbol{A}'=0.$$

证　**必要性**　设矢量 $\boldsymbol{A}(t)$ 具有固定长度，即 $|\boldsymbol{A}(t)|=$ 常数，则

$$\boldsymbol{A}^2=|\boldsymbol{A}(t)|^2=\text{常数}.$$

两端对 t 求导，就得到 $\boldsymbol{A}\cdot\boldsymbol{A}'=0$.

充分性　若矢量 $\boldsymbol{A}(t)$ 满足 $\boldsymbol{A}\cdot\boldsymbol{A}'=0$，则有

$$\frac{\mathrm{d}}{\mathrm{d}t}\boldsymbol{A}^2=0 \quad 或 \quad \frac{\mathrm{d}}{\mathrm{d}t}|\boldsymbol{A}|^2=0,$$

从而 $|\boldsymbol{A}|^2=$ 常数，即有 $|\boldsymbol{A}|=$ 常数，所以矢量 $\boldsymbol{A}(t)$ 具有固定长度.

此命题表明：定长矢量与其导矢互相垂直.

特别，对于单位矢量 $\boldsymbol{A}^{\circ}(t)$ 有

$$\boldsymbol{A}^{\circ}\perp\frac{\mathrm{d}\boldsymbol{A}^{\circ}}{\mathrm{d}t}.$$

比如对于圆函数，就有 $\boldsymbol{e}(\varphi)\perp\boldsymbol{e}_1(\varphi)$（因为 $\boldsymbol{e}_1(\varphi)=\boldsymbol{e}'(\varphi)$）.

引理 2　矢量 $\boldsymbol{A}(t)$ 平行于固定方向的充要条件是

$$\boldsymbol{A}\times\boldsymbol{A}'=\boldsymbol{0}.$$

证　若 $\boldsymbol{A}(t)$ 为常矢量，则有 $\boldsymbol{A}'(t)=\boldsymbol{0}$，本引理显然成立.下面设 $\boldsymbol{A}(t)$ 不为常矢量.

必要性　设 $\boldsymbol{A}(t)$ 平行于一固定方向，则 $\boldsymbol{A}(t)$ 必平行于一个与该方向相同的常矢量 $\boldsymbol{S}$，即有

$$\boldsymbol{A}(t)=\lambda(t)\boldsymbol{S} \qquad (\lambda(t)\neq 0),$$

从而

$$\boldsymbol{A}'(t)=\lambda'\boldsymbol{S},$$

于是有

$$\boldsymbol{A}\times\boldsymbol{A}'=\lambda\lambda'(\boldsymbol{S}\times\boldsymbol{S})=\boldsymbol{0}.$$

充分性　设 $\boldsymbol{A}(t)$ 满足 $\boldsymbol{A}\times\boldsymbol{A}'=\boldsymbol{0}$，记 $\boldsymbol{\tau}(t)$ 为与 $\boldsymbol{A}(t)$ 平行的单位矢量，则有

$$\boldsymbol{A}(t)=K(t)\boldsymbol{\tau}(t) \quad (K(t)\neq 0),$$

在 $K(t)\neq 0$ 之点，则有

$$\boldsymbol{A}'(t)=K'\boldsymbol{\tau}+K\boldsymbol{\tau}'.$$

按假设

$$\begin{aligned}\boldsymbol{0}&=\boldsymbol{A}\times\boldsymbol{A}'\\&=K\boldsymbol{\tau}\times(K'\boldsymbol{\tau}+K\boldsymbol{\tau}')\\&=K^2(\boldsymbol{\tau}\times\boldsymbol{\tau}'),\end{aligned}$$

即有

$$\boldsymbol{\tau}\times\boldsymbol{\tau}'=\mathbf{0},$$

从而有

$$(\boldsymbol{\tau}\times\boldsymbol{\tau}')^2=0.$$

按拉格朗日恒等式$(\boldsymbol{a}\times\boldsymbol{b})^2=\boldsymbol{a}^2\boldsymbol{b}^2-(\boldsymbol{a}\cdot\boldsymbol{b})^2$展开上式左端，则上式成为

$$\boldsymbol{\tau}^2\boldsymbol{\tau}'^2-(\boldsymbol{\tau}\cdot\boldsymbol{\tau}')^2=0,$$

其中$\boldsymbol{\tau}^2=|\boldsymbol{\tau}|^2=1$，又由引理 1 知$\boldsymbol{\tau}\cdot\boldsymbol{\tau}'=0$，故上式成为$\boldsymbol{\tau}'^2=0$，从而有

$$\boldsymbol{\tau}'=\mathbf{0}.$$

根据拉格朗日中值定理的推论 1，矢量$\boldsymbol{\tau}$为一常矢量.

由于$\boldsymbol{A}(t)$与$\boldsymbol{\tau}(t)$平行，故$\boldsymbol{A}(t)$平行于常矢量$\boldsymbol{\tau}(t)$所表示的固定方向.

在$K(t)=0$之点处，有$\boldsymbol{A}(t)=\mathbf{0}$，由于零矢量的方向为任意，故可认为，此时$\boldsymbol{A}(t)$亦平行于常矢量$\boldsymbol{\tau}(t)$所表示的固定方向.

从而，不论$K(t)$是否为零，$\boldsymbol{A}(t)$都平行于常矢量$\boldsymbol{\tau}(t)$所表示的固定方向.

引理 3　矢量$\boldsymbol{A}(t)$平行于固定平面的充要条件是

$$(\boldsymbol{A},\boldsymbol{A}',\boldsymbol{A}'')=0.$$

证　若有$\boldsymbol{A}\times\boldsymbol{A}'=\mathbf{0}$，由上述引理 2 知，本引理显然成立，下面设$\boldsymbol{A}\times\boldsymbol{A}'\neq\mathbf{0}$.

必要性　设矢量$\boldsymbol{A}(t)$平行于一固定平面，则$\boldsymbol{A}(t)$必垂直于一个与此平面相垂直的常矢量$\boldsymbol{n}$，即有

$$\boldsymbol{A}\cdot\boldsymbol{n}=0.$$

对此式两端连续求导两次，得

$$\boldsymbol{A}'\cdot\boldsymbol{n}=0,\quad \boldsymbol{A}''\cdot\boldsymbol{n}=0.$$

这表明：三个矢量$\boldsymbol{A},\boldsymbol{A}',\boldsymbol{A}''$都垂直于同一个常矢量$\boldsymbol{n}$.因此，它们必同时平行于与$\boldsymbol{n}$相垂直的固定平面，即此三矢量共面.所以，它们的混合积$(\boldsymbol{A},\boldsymbol{A}',\boldsymbol{A}'')=0$.

充分性　设矢量$\boldsymbol{A}(t)$满足$(\boldsymbol{A},\boldsymbol{A}',\boldsymbol{A}'')=0$，则三矢量$\boldsymbol{A},\boldsymbol{A}',\boldsymbol{A}''$共面，按假设$\boldsymbol{A}\times\boldsymbol{A}'\neq\mathbf{0}$，则$\boldsymbol{A}$与$\boldsymbol{A}'$不平行，故可将$\boldsymbol{A}''$用$\boldsymbol{A}$与$\boldsymbol{A}'$的线性组合来表示：

$$\boldsymbol{A}''=\lambda(t)\boldsymbol{A}+\mu(t)\boldsymbol{A}'.$$

又因为$\boldsymbol{A}\times\boldsymbol{A}'\neq\mathbf{0}$，则矢量$\boldsymbol{B}=\boldsymbol{A}\times\boldsymbol{A}'$是一个垂直于$\boldsymbol{A}$与$\boldsymbol{A}'$的非零矢量，其导矢

$$\begin{aligned}\boldsymbol{B}'&=\boldsymbol{A}\times\boldsymbol{A}''\\&=\boldsymbol{A}\times(\lambda\boldsymbol{A}+\mu\boldsymbol{A}')\\&=\mu(\boldsymbol{A}\times\boldsymbol{A}')=\mu\boldsymbol{B}.\end{aligned}$$

因此有$\boldsymbol{B}\times\boldsymbol{B}'=\boldsymbol{B}\times\mu\boldsymbol{B}=\mathbf{0}$.由引理 2 知，非零矢量$\boldsymbol{B}$平行于一固定方向.而矢量$\boldsymbol{A}(t)$垂直于$\boldsymbol{B}$，故亦垂直于此固定方向，从而必平行于与此固定方向相垂直的固定平面.

此命题表明：平行于固定平面的矢量与其一阶及二阶导矢共面.

第三节　矢性函数的积分

矢性函数的积分和数性函数的积分类似,也有不定积分和定积分两种,现分述于下:

1. 矢性函数的不定积分

定义 1　若在 t 的某个区间 I 上,有 $\boldsymbol{B}'(t)=\boldsymbol{A}(t)$,则称 $\boldsymbol{B}(t)$ 为 $\boldsymbol{A}(t)$ 在此区间上的一个**原函数**.在区间 I 上,$\boldsymbol{A}(t)$ 的原函数的全体,叫做 $\boldsymbol{A}(t)$ 在 I 上的**不定积分**,记作

$$\int \boldsymbol{A}(t)\,\mathrm{d}t. \tag{3.1}$$

这个定义和数性函数的不定积分定义完全类似.由前面拉格朗日中值定理的推论 2,即知:$\boldsymbol{A}(t)$ 的任何两个原函数之间只相差一个常矢量.故若已知 $\boldsymbol{B}(t)$ 是 $\boldsymbol{A}(t)$ 的一个原函数,则 $\boldsymbol{A}(t)$ 的全体原函数可表示为 $\boldsymbol{B}(t)+\boldsymbol{C}$ ($\boldsymbol{C}$ 为任意常矢量).即有

$$\int \boldsymbol{A}(t)\,\mathrm{d}t=\boldsymbol{B}(t)+\boldsymbol{C}\ (\boldsymbol{C}\text{ 为任意常矢量}). \tag{3.2}$$

而且,数性函数不定积分的基本性质对矢性函数来说也仍然成立.例如

$$\int k\boldsymbol{A}(t)\,\mathrm{d}t=k\int \boldsymbol{A}(t)\,\mathrm{d}t, \tag{3.3}$$

$$\int [\boldsymbol{A}(t)\pm \boldsymbol{B}(t)]\,\mathrm{d}t=\int \boldsymbol{A}(t)\,\mathrm{d}t\pm\int \boldsymbol{B}(t)\,\mathrm{d}t, \tag{3.4}$$

$$\int \boldsymbol{a}\cdot \boldsymbol{A}(t)\,\mathrm{d}t=\boldsymbol{a}\cdot\int \boldsymbol{A}(t)\,\mathrm{d}t, \tag{3.5}$$

$$\int \boldsymbol{a}\times \boldsymbol{A}(t)\,\mathrm{d}t=\boldsymbol{a}\times\int \boldsymbol{A}(t)\,\mathrm{d}t, \tag{3.6}$$

其中 k 为非零常数,$\boldsymbol{a}$ 为非零常矢.

又若已知 $\boldsymbol{A}(t)=A_x(t)\boldsymbol{i}+A_y(t)\boldsymbol{j}+A_z(t)\boldsymbol{k}$,则有

$$\int \boldsymbol{A}(t)\,\mathrm{d}t=\boldsymbol{i}\int A_x(t)\,\mathrm{d}t+\boldsymbol{j}\int A_y(t)\,\mathrm{d}t+\boldsymbol{k}\int A_z(t)\,\mathrm{d}t. \tag{3.7}$$

此式把求一个矢性函数的不定积分,归结为求三个数性函数的不定积分.

此外,数性函数的换元积分法与分部积分法亦适用于矢性函数.由于两个矢量的数量积虽服从交换律:$\boldsymbol{A}\cdot\boldsymbol{B}=\boldsymbol{B}\cdot\boldsymbol{A}$,但其矢量积则服从负交换律:$\boldsymbol{A}\times\boldsymbol{B}=-(\boldsymbol{B}\times\boldsymbol{A})$,故二者的分部积分公式中有一符号差别,分别为

$$\int \boldsymbol{A}\cdot\boldsymbol{B}'\,\mathrm{d}t=\boldsymbol{A}\cdot\boldsymbol{B}-\int \boldsymbol{B}\cdot\boldsymbol{A}'\,\mathrm{d}t, \tag{3.8}$$

$$\int \boldsymbol{A}\times\boldsymbol{B}'\,\mathrm{d}t=\boldsymbol{A}\times\boldsymbol{B}+\int \boldsymbol{B}\times\boldsymbol{A}'\,\mathrm{d}t. \tag{3.9}$$

例 1　计算 $\int 2\varphi \boldsymbol{e}(\varphi^2+1)\mathrm{d}\varphi$.

解　用换元积分法,令 $u=\varphi^2+1$,则

$$\int 2\varphi \boldsymbol{e}(\varphi^2+1)\mathrm{d}\varphi=\int \boldsymbol{e}(u)\mathrm{d}u=-\boldsymbol{e}_1(u)+\boldsymbol{C}$$
$$=-\boldsymbol{e}_1(\varphi^2+1)+\boldsymbol{C}.$$

例 2　计算 $\int \boldsymbol{A}(t)\times\boldsymbol{A}''(t)\mathrm{d}t$.

解　用分部积分法,有

$$\int \boldsymbol{A}(t)\times\boldsymbol{A}''(t)\mathrm{d}t=\boldsymbol{A}(t)\times\boldsymbol{A}'(t)+\int \boldsymbol{A}'(t)\times\boldsymbol{A}'(t)\mathrm{d}t$$
$$=\boldsymbol{A}(t)\times\boldsymbol{A}'(t)+\boldsymbol{C}.$$

例 3　设 $\boldsymbol{A}=2t\boldsymbol{j}+t\boldsymbol{k}$,$\boldsymbol{B}=\mathrm{e}^t\boldsymbol{i}+\sin t\boldsymbol{j}+t\boldsymbol{k}$,计算 $\int \boldsymbol{A}\times\boldsymbol{B}'\mathrm{d}t$.

解

$$\int \boldsymbol{A}\times\boldsymbol{B}'\mathrm{d}t=\boldsymbol{A}\times\boldsymbol{B}+\int \boldsymbol{B}\times\boldsymbol{A}'\mathrm{d}t,$$

其中

$$\boldsymbol{A}\times\boldsymbol{B}=(2t^2-t\sin t)\boldsymbol{i}+t\mathrm{e}^t\boldsymbol{j}-2t\mathrm{e}^t\boldsymbol{k}.$$

由于 $\boldsymbol{A}'=2\boldsymbol{j}+\boldsymbol{k}$ 为常矢,故

$$\int \boldsymbol{B}\times\boldsymbol{A}'\mathrm{d}t=\int \boldsymbol{B}\mathrm{d}t\times\boldsymbol{A}'$$
$$=\left(\mathrm{e}^t\boldsymbol{i}-\cos t\boldsymbol{j}+\frac{t^2}{2}\boldsymbol{k}+\boldsymbol{C}_1\right)\times(2\boldsymbol{j}+\boldsymbol{k})$$
$$=(-\cos t-t^2)\boldsymbol{i}-\mathrm{e}^t\boldsymbol{j}+2\mathrm{e}^t\boldsymbol{k}+\boldsymbol{C},$$

因此,

$$\int \boldsymbol{A}\times\boldsymbol{B}'\mathrm{d}t=(t^2-t\sin t-\cos t)\boldsymbol{i}+(t-1)\mathrm{e}^t\boldsymbol{j}-2(t-1)\mathrm{e}^t\boldsymbol{k}+\boldsymbol{C}.$$

2. 矢性函数的定积分

定义 2　设矢性函数 $\boldsymbol{A}(t)$ 在区间 $[T_1,T_2]$ 上连续,则 $\boldsymbol{A}(t)$ 在 $[T_1,T_2]$ 上的定积分是指下面形式的极限:

$$\int_{T_1}^{T_2}\boldsymbol{A}(t)\mathrm{d}t=\lim_{\lambda\to 0}\sum_{i=1}^{n}\boldsymbol{A}(\xi_i)\Delta t_i, \tag{3.10}$$

其中 $T_1=t_0<t_1<t_2<\cdots<t_n=T_2$,$\xi_i$ 为区间 $[t_{i-1},t_i]$ 上的一点,$\Delta t_i=t_i-t_{i-1}$,$\lambda=\max\{\Delta t_i\}$,$i=1,2,\cdots,n$.

可以看出,矢性函数的定积分概念也和数性函数的定积分完全类似.因

此,也具有和数性函数定积分相应的基本性质.例如:

若 $\boldsymbol{B}(t)$ 是连续矢性函数 $\boldsymbol{A}(t)$ 在区间 $[T_1,T_2]$ 上的一个原函数,则有

$$\int_{T_1}^{T_2}\boldsymbol{A}(t)\,\mathrm{d}t=\boldsymbol{B}(T_2)-\boldsymbol{B}(T_1),\tag{3.11}$$

其他的性质就不一一列举了.

此外,类似于(3.7)式,求矢性函数的定积分也可归结为求三个数性函数的定积分,即有

$$\int_{T_1}^{T_2}\boldsymbol{A}(t)\,\mathrm{d}t=\boldsymbol{i}\int_{T_1}^{T_2}A_x(t)\,\mathrm{d}t+\boldsymbol{j}\int_{T_1}^{T_2}A_y(t)\,\mathrm{d}t+\boldsymbol{k}\int_{T_1}^{T_2}A_z(t)\,\mathrm{d}t.\tag{3.12}$$

例 4　已知 $\boldsymbol{A}(t)=(1+3t^2)\boldsymbol{i}-2t^3\boldsymbol{j}+\dfrac{t}{2}\boldsymbol{k}$,求 $\int_0^2\boldsymbol{A}(t)\,\mathrm{d}t$.

解　$$\begin{aligned}\int_0^2\boldsymbol{A}(t)\,\mathrm{d}t&=\boldsymbol{i}\int_0^2(1+3t^2)\,\mathrm{d}t-\boldsymbol{j}\int_0^2 2t^3\,\mathrm{d}t+\boldsymbol{k}\int_0^2\frac{t}{2}\,\mathrm{d}t\\&=\boldsymbol{i}(t+t^3)\Big|_0^2-\boldsymbol{j}\left(\frac{t^4}{2}\right)\Big|_0^2+\boldsymbol{k}\left(\frac{t^2}{4}\right)\Big|_0^2\\&=10\boldsymbol{i}-8\boldsymbol{j}+\boldsymbol{k}.\end{aligned}$$

习题 1

1. 写出下列曲线的矢量方程,并说明它们是何种曲线.

(1) $x=a\cos t,y=b\sin t$;

(2) $x=3\sin t,y=4\sin t,z=3\cos t$.

2. 设有定圆 O 与动圆 C,半径均为 a,动圆与定圆外切且滚动(如下图).求动圆上一定点 M 所描曲线的矢量方程.

[提示:(1) 设开始时点 M 与点 A 重合;(2) 取 $\angle COA=\theta$ 为参数;(3) $\overrightarrow{OM}=\overrightarrow{OC}+\overrightarrow{CM}$.]

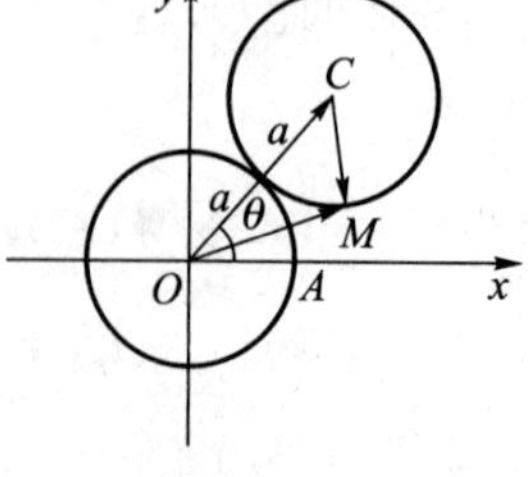

第 2 题

3. (1) 证明　$\boldsymbol{e}(\varphi)\times\boldsymbol{e}_1(\varphi)=\boldsymbol{k}$;

(2) 证明　$\boldsymbol{e}(\varphi+\alpha)=\boldsymbol{e}(\varphi)\cos\alpha+\boldsymbol{e}_1(\varphi)\sin\alpha$.

4. 求曲线 $x=t,y=t^2,z=\dfrac{2}{3}t^3$ 的一个切向单位矢量 $\boldsymbol{\tau}$.

5. 设 $\boldsymbol{a}(t)$ 三阶可导,证明

$$\frac{\mathrm{d}}{\mathrm{d}t}\left[\boldsymbol{a}\cdot\left(\frac{\mathrm{d}\boldsymbol{a}}{\mathrm{d}t}\times\frac{\mathrm{d}^2\boldsymbol{a}}{\mathrm{d}t^2}\right)\right]=\boldsymbol{a}\cdot\left(\frac{\mathrm{d}\boldsymbol{a}}{\mathrm{d}t}\times\frac{\mathrm{d}^3\boldsymbol{a}}{\mathrm{d}t^3}\right).$$

6. 求曲线 $x=a\sin^2 t,y=a\sin 2t,z=a\cos t$ 在 $t=\dfrac{\pi}{4}$ 相应点处的一个切向矢量.

7. 求曲线 $x=t^2+1,y=4t-3,z=2t^2-6t$ 在对应于 $t=2$ 的点 M 处的切线方程和法平面方程.

8. 求曲线 $\boldsymbol{r}=t\boldsymbol{i}+t^2\boldsymbol{j}+t^3\boldsymbol{k}$ 上这样的点,使该点的切线平行于平面 $x+2y+z=4$.

9. 证明圆柱螺旋线 $\boldsymbol{r}=a\boldsymbol{e}(\theta)+b\theta\boldsymbol{k}$ 的切线与 Oz 轴之间成定角.

10. 证明矢量 $\boldsymbol{A}(t)=\sin^2 t\boldsymbol{i}+(2\mathrm{e}^t+3)\boldsymbol{j}+\left(\mathrm{e}^t+\cos^2 t+\dfrac{1}{2}\right)\boldsymbol{k}$ 平行于一固定平面.

11. 计算 $\int\varphi^2\boldsymbol{e}(\varphi)\mathrm{d}\varphi$.

12. 已知 $\dfrac{\mathrm{d}\boldsymbol{X}}{\mathrm{d}t}=\boldsymbol{P}\times(\boldsymbol{Q}\cos 2t+\boldsymbol{R}\sin 2t)$ ($\boldsymbol{P},\boldsymbol{Q},\boldsymbol{R}$ 为常矢),求 $\boldsymbol{X}$.

13. 已知 $\boldsymbol{A}(t)$ 具有二阶连续导数,$\boldsymbol{B}(t)=3\boldsymbol{A}'(t)$,求 $\int\boldsymbol{A}\times\boldsymbol{B}'(t)\mathrm{d}t$.

14. 设 $\boldsymbol{A}=t\boldsymbol{i}-3\boldsymbol{j}+2t\boldsymbol{k},\boldsymbol{B}=\boldsymbol{i}-2\boldsymbol{j}+2\boldsymbol{k},\boldsymbol{C}=3\boldsymbol{i}+t\boldsymbol{j}-\boldsymbol{k}$,计算 $\int_1^2(\boldsymbol{A}\times\boldsymbol{B})\cdot\boldsymbol{C}\mathrm{d}t$.

15. 一质点沿曲线 $\boldsymbol{r}=r\cos\varphi\boldsymbol{i}+r\sin\varphi\boldsymbol{j}$ 运动,其中 r,φ 均为时间 t 的函数.

(1) 求速度 $\boldsymbol{v}$ 在矢径方向及其垂直方向上的投影 v_r 和 v_φ;

(2) 求加速度 $\boldsymbol{w}$ 在同样方向上的投影 w_r 和 w_φ.

[提示:使用圆函数 $\boldsymbol{e}(\varphi)$,则 $\boldsymbol{e}(\varphi)$ 及 $\boldsymbol{e}_1(\varphi)$ 之方向即为矢径方向及与之垂直的方向.]

16. 求等速圆周运动 $\boldsymbol{r}=R\cos\omega t\boldsymbol{i}+R\sin\omega t\boldsymbol{j}$ 的速度矢量 $\boldsymbol{v}$ 和加速度矢量 $\boldsymbol{w}$,并讨论它们与 $\boldsymbol{r}$ 的关系.

* 17. 已知 $\boldsymbol{A}(t)$ 和一非零常矢 $\boldsymbol{B}$ 恒满足 $\boldsymbol{A}(t)\cdot\boldsymbol{B}=t$,又 $\boldsymbol{A}'(t)$ 和 $\boldsymbol{B}$ 之间的夹角 θ 为常数,试证明 $\boldsymbol{A}'(t)\perp\boldsymbol{A}''(t)$.

* 18. 设 $\boldsymbol{A}(t)=\frac{1}{2}\left[(1-\cos t)\boldsymbol{i}+\sin t\boldsymbol{j}+2\cos\frac{t}{2}\boldsymbol{k}\right]$.

(1) 证明 $\boldsymbol{A}(t)$ 为单位矢量;

(2) 验证 $\boldsymbol{A}(t)\cdot\frac{\mathrm{d}\boldsymbol{A}}{\mathrm{d}t}=0$;

(3) 求出 $\left|\frac{\mathrm{d}\boldsymbol{A}}{\mathrm{d}t}\right|$ 以说明单位矢量的导矢一般不再是单位矢量.

* 19. 对函数 $\boldsymbol{A}(t)=\cos t\boldsymbol{i}+\sin t\boldsymbol{j}+t^2\boldsymbol{k}$ 在区间 $[0,2\pi]$ 上验证拉格朗日中值定理的正确性.

第二章 场 论

在许多科学、技术问题中,常常要考察某种物理量(如温度、密度、电位、力、速度等)在空间的分布和变化规律.为了揭示和探索这些规律,数学上就引进了场的概念.

第一节 场

1. 场的概念

如果在全部空间或部分空间里的每一点,都对应着某个物理量的一个确定的值,就说在这空间里确定了该物理量的一个**场**.如果这物理量是数量,就称这个场为**数量场**;如果是矢量,就称这个场为**矢量场**.例如温度场、密度场、电位场等为数量场,而力场、速度场等为矢量场.

此外,若场中之物理量在各点处的对应值不随时间而变化,则称该场为**稳定场**;否则,称为**不稳定场**.后面我们只讨论稳定场(当然,所得的结果也适合于不稳定场的每一瞬间情况).

2. 数量场的等值面

由数量场的定义可知,分布在数量场中各点处的数量 u 是场中之点 M 的函数 $u=u(M)$,当取定了 $Oxyz$ 直角坐标系以后,它就成为点 $M(x,y,z)$ 的坐标的函数了,即

$$u=u(x,y,z), \tag{1.1}$$

就是说,一个数量场可以用一个数性函数来表示.此后,若无特别申明,我们总假定这函数为单值、连续函数且有一阶连续偏导数.

在数量场中,为了直观地研究数量 u 在场中的分布状况,引入了等值面的概念.所谓**等值面**,是指由场中使函数 u 取相同数值的点所组成的曲面.例如温度场的等值面,就是由温度相同的点所组成的**等温面**;电位场中的等值面,就是由电位相同的点所组成的**等位面**.

很明显,数量场 u 的等值面方程为

$$u(x,y,z)=c\ (c\ 为常数).$$

由隐函数存在定理知道,在函数 u 为单值函数,且各连续偏导数 u'_x,u'_y,u'_z 不

全为零时,这种等值面一定存在.

在上式中给常数 c 以不同的数值,就得到不同的等值面,如图 2-1.这族等值面充满了数量场所在的空间,而且互不相交.这是因为在数量场中的每一点 $M_0(x_0,y_0,z_0)$ 都有一等值面

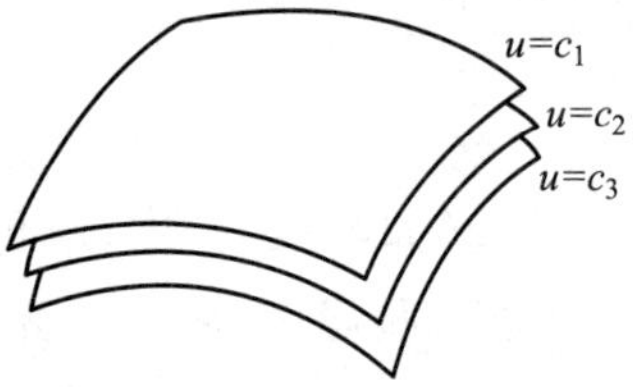

图 2-1

$$u(x,y,z)=u(x_0,y_0,z_0) \tag{1.2}$$

通过;而且由于函数 u 为单值函数,一个点就只能在一个等值面上.

例如,数量场

$$u=\sqrt{R^2-x^2-y^2-z^2}$$

所在的空间区域为一个以原点为球心,半径为 R 的球形区域:

$$x^2+y^2+z^2\leqslant R^2.$$

场的等值面是在此区域内的以原点为球心的一族同心球面:

$$\sqrt{R^2-x^2-y^2-z^2}=c,$$

或

$$x^2+y^2+z^2=R^2-c^2.$$

而通过场中之点 $M_0\left(0,0,\dfrac{R}{2}\right)$ 的等值面,则为其中一球面

$$\sqrt{R^2-x^2-y^2-z^2}=\sqrt{R^2-0^2-0^2-\left(\frac{R}{2}\right)^2},$$

或

$$x^2+y^2+z^2=\frac{1}{4}R^2.$$

同理,在函数 $u(x,y)$ 所表示的平面数量场中,具有相同数值 c 的点,就组成此数量场的**等值线**:

$$u(x,y)=c.$$

比如地形图上的等高线,地面气象图上的等温线、等压线等,都是平面数量场中等值线的例子.

数量场的等值面或等值线,可以直观地帮助我们了解场中物理量的分布状况.例如根据地形图上的等高线及其所标出的海拔高度(图 2-2),我们就能了解到该地区地势的高低情况,而且还可以根据等高线所分布的稀密程度来

大致判定该地区在各个方向上地势的陡度大小(在较密的方向陡度大些,在较稀的方向陡度小些).在图 2-2 中,我们可以看出,该地区西北部偏低,东北部较平缓,而西南部则偏高且陡峭.

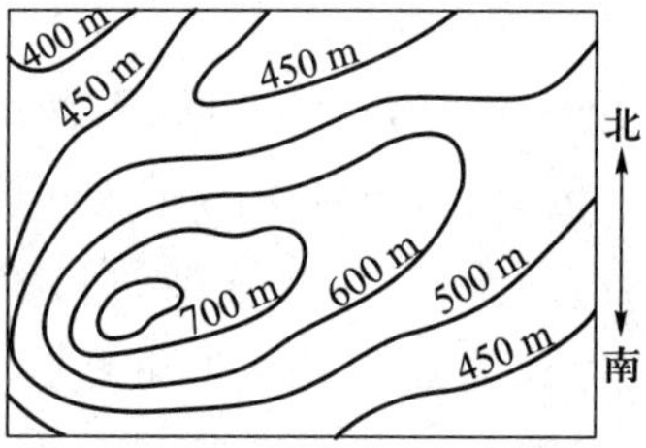

图 2-2

3. 矢量场的矢量线

和数量场一样,矢量场中分布在各点处的矢量 $\boldsymbol{A}$,是场中之点 M 的函数 $\boldsymbol{A}=\boldsymbol{A}(M)$,当取定了 $Oxyz$ 直角坐标系以后,它就成为点 $M(x,y,z)$ 的坐标的函数了,即

$$\boldsymbol{A}=\boldsymbol{A}(x,y,z), \tag{1.3}$$

它的坐标表示式为

$$\boldsymbol{A}=A_x(x,y,z)\boldsymbol{i}+A_y(x,y,z)\boldsymbol{j}+A_z(x,y,z)\boldsymbol{k}, \tag{1.4}$$

其中函数 A_x,A_y,A_z 为矢量 $\boldsymbol{A}$ 的三个坐标,以后若无特别申明,都假定它们为单值、连续函数且有一阶连续偏导数.

在矢量场中,为了直观地表示矢量的分布状况,引入了矢量线的概念.所谓**矢量线**,乃是这样的曲线,在它上面每一点处,曲线都和对应于该点的矢量 $\boldsymbol{A}$ 相切,如图 2-3.例如静电场中的电力线、磁场中的磁力线、流速场中的流线等,都是矢量线的例子.

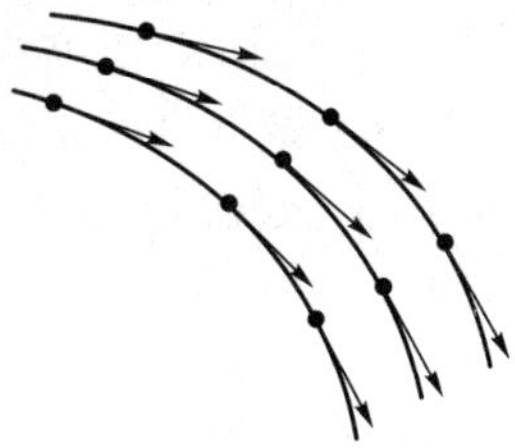

图 2-3

现在我们来讨论对于已知的矢量场 $\boldsymbol{A}=\boldsymbol{A}(x,y,z)$,怎样求出其矢量线的方程.

设 $M(x,y,z)$ 为矢量线上任一点,其矢径为

$$\boldsymbol{r}=x\boldsymbol{i}+y\boldsymbol{j}+z\boldsymbol{k},$$

则微分

$$\mathrm{d}\boldsymbol{r}=\mathrm{d}x\boldsymbol{i}+\mathrm{d}y\boldsymbol{j}+\mathrm{d}z\boldsymbol{k}$$

按其几何意义为在点 M 处与矢量线相切的矢量.根据矢量线的定义,它必定在点 M 处与场矢量

$$\boldsymbol{A}=A_x\boldsymbol{i}+A_y\boldsymbol{j}+A_z\boldsymbol{k}$$

共线.因此有

$$\frac{\mathrm{d}x}{A_x}=\frac{\mathrm{d}y}{A_y}=\frac{\mathrm{d}z}{A_z}, \tag{1.5}$$

这就是矢量线所应满足的微分方程.其通解,即为场的矢量线族方程.在 $\boldsymbol{A}$ 不为

零向量的假定下,由微分方程的存在定理知道,当 A_x, A_y, A_z 为单值、连续函数且有一阶连续偏导数时,这族矢量线方程不仅存在,且其表示的矢量线族还充满了矢量场所在的空间,而且互不相交.

因此,对于场中的任意一条曲线 C(非矢量线),在其上的每一点处,也皆有且仅有一条矢量线通过,这些矢量线的全体,就构成一张通过曲线 C 的曲面,称为**矢量面**(图 2-4).显然在矢量面上的任一点 M 处,场的对应矢量 $\boldsymbol{A}(M)$ 都位于此矢量面在该点的切平面内.

特别,当 C 为一封闭曲线时,通过 C 的矢量面,就可能构成一管形曲面,又称之为**矢量管**(图 2-5).

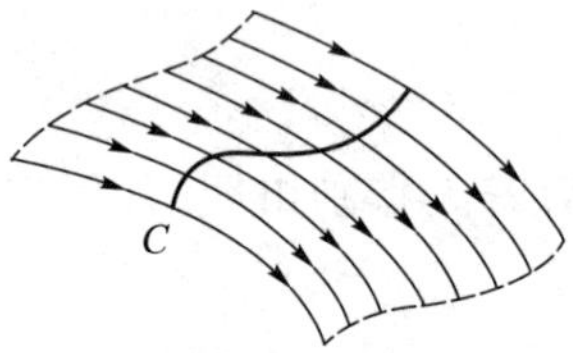

图 2-4

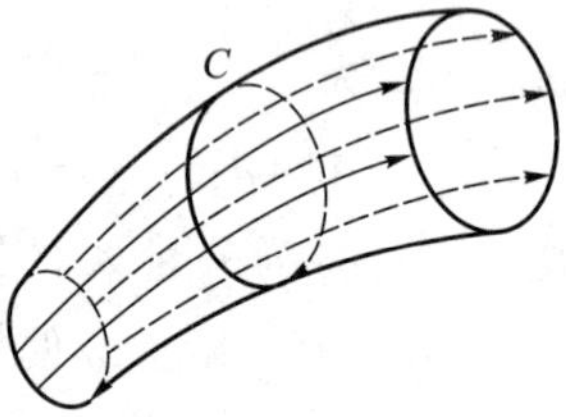

图 2-5

例 1　设点电荷 q 位于坐标原点,则在其周围空间的任一点 $M(x,y,z)$ 处所产生的电场强度,由电学知为①

$$\boldsymbol{E} = \frac{q}{4\pi\varepsilon r^3}\boldsymbol{r}, \tag{1.6}$$

其中 ε 为介电常数,$\boldsymbol{r}=x\boldsymbol{i}+y\boldsymbol{j}+z\boldsymbol{k}$ 为点 M 的矢径,而 $r=|\boldsymbol{r}|$,求电场强度 $\boldsymbol{E}$ 的矢量线方程.

解　由(1.6)式

$$\boldsymbol{E} = \frac{q}{4\pi\varepsilon r^3}(x\boldsymbol{i}+y\boldsymbol{j}+z\boldsymbol{k}),$$

则矢量线所应满足的微分方程按(1.5)式为

$$\frac{\mathrm{d}x}{\dfrac{qx}{4\pi\varepsilon r^3}} = \frac{\mathrm{d}y}{\dfrac{qy}{4\pi\varepsilon r^3}} = \frac{\mathrm{d}z}{\dfrac{qz}{4\pi\varepsilon r^3}},$$

从而有

① 本书采用的单位全为国际单位.

$$\begin{cases}\dfrac{\mathrm{d}x}{x}=\dfrac{\mathrm{d}y}{y},\\ \dfrac{\mathrm{d}y}{y}=\dfrac{\mathrm{d}z}{z},\end{cases}$$

解之即得

$$\begin{cases}y=C_1x,\\ z=C_2y\end{cases}\quad (C_1,C_2\text{ 为任意常数}).$$

这就是电场强度 $\boldsymbol{E}$ 的矢量线族方程.其图形是一族从坐标原点出发的射线,在电学中称为电力线.当 q 为正时,如图 2-6 所示;当 q 为负时,图中电力线应反向.

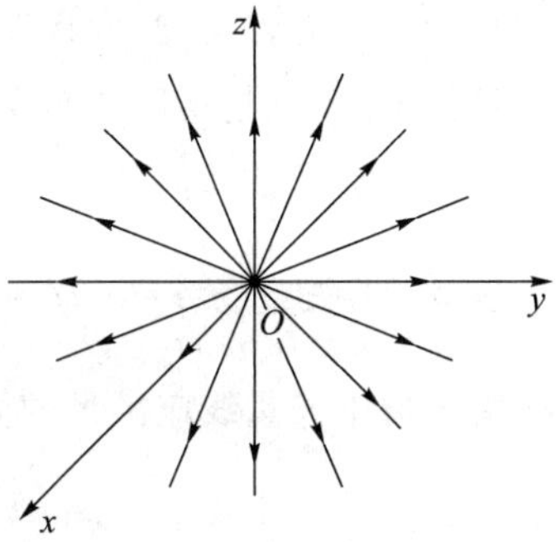

图 2-6

例 2 求矢量场

$$\boldsymbol{A}=xz\boldsymbol{i}+yz\boldsymbol{j}-(x^2+y^2)\boldsymbol{k}$$

通过点 $M(2,-1,1)$ 的矢量线方程.

解 矢量线所应满足的微分方程为

$$\frac{\mathrm{d}x}{xz}=\frac{\mathrm{d}y}{yz}=\frac{\mathrm{d}z}{-(x^2+y^2)},$$

由 $\dfrac{\mathrm{d}x}{x}=\dfrac{\mathrm{d}y}{y}$ 解得 $y=C_1x$.

又将方程写为

$$\frac{x\mathrm{d}x}{x^2z}=\frac{y\mathrm{d}y}{y^2z}=\frac{\mathrm{d}z}{-(x^2+y^2)},$$

按等比定理,有

$$\frac{\mathrm{d}(x^2+y^2)}{2(x^2+y^2)z}=\frac{\mathrm{d}z}{-(x^2+y^2)},$$

由此解得

$$x^2+y^2+z^2=C_2.$$

于是得到矢量线族之方程为

$$\begin{cases}y=C_1x,\\ x^2+y^2+z^2=C_2,\end{cases}$$

这是一族以原点为圆心的同心圆.再以点 $M(2,-1,1)$ 的坐标代入,定出

$$C_1=-\frac{1}{2},\quad C_2=6,$$

从而求得过点 $M(2,-1,1)$ 的矢量线方程：

$$\begin{cases} y=-\dfrac{1}{2}x, \\ x^2+y^2+z^2=6. \end{cases}$$

这里来介绍矢量面方程的求法：

我们知道，在一个矢量场 $\boldsymbol{A}$ 中，通过已知曲线 C 的矢量面，是由场 $\boldsymbol{A}$ 中通过曲线 C 的那一部分矢量线所构成.所以，其方程的求法，就应该以曲线 C 的方程为条件，从场 $\boldsymbol{A}$ 的矢量线族方程中确定出满足此条件的那一部分矢量线所满足的一个方程来，此方程即为通过曲线 C 的矢量面方程.

具体做法，就是将场 $\boldsymbol{A}$ 的矢量线族方程与曲线 C 的方程联立，消去或确定出其中的任意常数而得出一个确定方程，即为所求的矢量面方程.

例 3　求矢量场 $\boldsymbol{A}=\boldsymbol{i}+2\boldsymbol{j}-4y\boldsymbol{k}$ 中通过曲线 $C:\begin{cases} x^2+3z=1, \\ y=x \end{cases}$ 的矢量面方程.

解　场中矢量线应满足的微分方程为

$$\frac{\mathrm{d}x}{1}=\frac{\mathrm{d}y}{2}=\frac{\mathrm{d}z}{-4y}.$$

由 $\dfrac{\mathrm{d}x}{1}=\dfrac{\mathrm{d}y}{2}$ 及 $\dfrac{\mathrm{d}y}{2}=\dfrac{\mathrm{d}z}{-4y}$ 解得场的矢量线族方程为

$$2x=y+C_1,$$
$$z=-y^2+C_2.$$

将此方程与曲线 C 的方程 $\begin{cases} x^2+3z=1, \\ y=x \end{cases}$ 联立以消去 C_1,C_2.

为此，将曲线 C 的方程代入矢量线族的方程，得

$$\begin{cases} x=C_1, \\ \dfrac{1}{3}(1-x^2)=-x^2+C_2. \end{cases}$$

由此有 $\dfrac{1}{3}+\dfrac{2}{3}C_1^2=C_2$ 或 $2C_1^2-3C_2+1=0$.

再从矢量线族方程解出 C_1,C_2 代入此式，即得所求的矢量面方程

$$2(2x-y)^2-3(z+y^2)+1=0.$$

例 4　求矢量场 $\boldsymbol{A}=x\boldsymbol{i}+y\boldsymbol{j}+2(z+1)\boldsymbol{k}$ 中通过曲线 $C:\begin{cases} x^2+y^2=1, \\ z=3 \end{cases}$ 的矢量面

方程.

解　场中矢量线应满足的微分方程为

$$\frac{\mathrm{d}x}{x}=\frac{\mathrm{d}y}{y}=\frac{\mathrm{d}z}{2(z+1)},$$

将此方程改写成

$$\frac{2x\mathrm{d}x}{x^2}=\frac{2y\mathrm{d}y}{y^2}=\frac{\mathrm{d}(z+1)}{z+1}.$$

按等比定理有

$$\frac{\mathrm{d}(x^2+y^2)}{x^2+y^2}=\frac{\mathrm{d}(z+1)}{z+1},$$

由此解得

$$x^2+y^2=C_1(z+1).$$

又由$\frac{\mathrm{d}x}{x}=\frac{\mathrm{d}y}{y}$解得 $y=C_2x$.

于是得场的矢量线族方程为

$$\begin{cases}x^2+y^2=C_1(z+1),\\ y=C_2x.\end{cases}$$

将此方程与曲线 C 之方程$\begin{cases}x^2+y^2=1,\\ z=3\end{cases}$联立,即可看出,只要将曲线 C 的方程代入矢量线族方程中的第一个方程,就确定出 $C_1=\frac{1}{4}$.此时,这第一个方程成为

$$x^2+y^2=\frac{1}{4}(z+1),$$

即为所求的矢量面方程.

***4. 平行平面场**

平行平面场是一种常见的具有一定几何特点的场,因而对其研究,可得以简化.平行平面场亦有数量场和矢量场两种,兹分述于下:

(1) 平行平面矢量场

如果某个矢量场 $\boldsymbol{A}=\boldsymbol{A}(M)$具有下面的几何特点:

1° 场中所有的矢量 $\boldsymbol{A}$ 都平行于某一平面 π;

2° 在垂直于 π 的任一直线的所有点上,矢量 $\boldsymbol{A}$ 的模和方向都相同,则称此矢量场为**平行平面矢量场**(图 2-7).

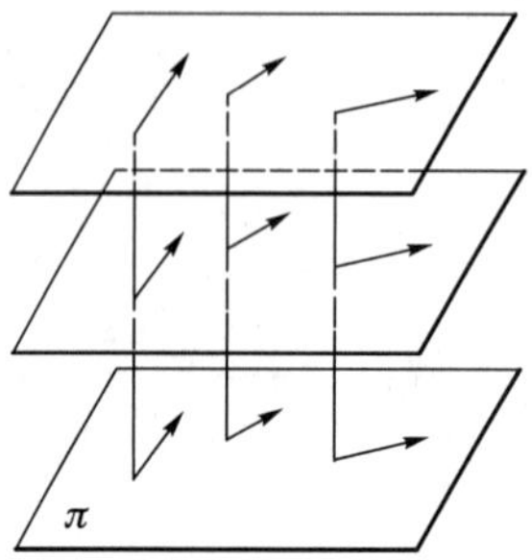

图 2-7

显然,在这种场中每一个与平面 π 平行的平面上,场中矢量的分布都是相同的.因此,只要知道场在其中一个平面上的情况,则场在整个空间里的情况就知道了.这就是说,平行平面矢量场可以简化为一个平面矢量场来研究.一般就在平行于 π 的平面中任取一块作为 xOy 平面,来研究矢量场 $\boldsymbol{A}$ 在其上的情况,此时,$\boldsymbol{A}$ 的表示式为

$$\boldsymbol{A}=A_x(x,y)\boldsymbol{i}+A_y(x,y)\boldsymbol{j}.$$

例 5　设有一根无限长的均匀带电直线 l,其上电荷分布的线密度为 q,则在 l 周围的空间里所产生的电场中,由电场强度$\boldsymbol{E}(M)$所构成的矢量场,便是一个与 l 相垂直的平行平面矢量场.若任取一块与 l 相垂直的平面作为 xOy 平面,原点 O 取在垂足处,则由物理学知场强 $\boldsymbol{E}(M)$ 在其上的表示式为

$$\boldsymbol{E}=\frac{q}{2\pi\varepsilon r^2}\boldsymbol{r},\tag{1.7}$$

其中 ε 为介电常数,$\boldsymbol{r}=\overrightarrow{OM}=x\boldsymbol{i}+y\boldsymbol{j}$,$r=|\boldsymbol{r}|$.

在这个例子中,xOy 平面上分布的电场,通常也叫做**电量为 q 的点电荷所产生的平面静电场**.但是我们应当明确,它实际上是无限长均匀带电直线所产生的平行平面静电场的代表.所谓电量 q,也应理解为带电直线上电荷分布的线密度.

(2) 平行平面数量场

如果某个数量场 $u=u(M)$具有这样的几何特点:就是在垂直于场中某一直线 l 的所有平行平面上,数量 u 的分布情况都是相同的,或者说,在场中与直线 l 平行的任意一条直线的所有点上,数量 u 都相同,则称此数量场为**平行平面数量场**.

和平行平面矢量场一样,平行平面数量场也可简化为一个平面数量场来研究,一般就任取一块与直线 l 相垂直的平面作为 xOy 平面,来研究数量 u 在其上的分布情况.此时数量 u 的表示式为

$$u=u(x,y).$$

例 6　如例 5,由无限长均匀带电直线 l 在其周围空间里所产生的电场中,由电位 $v(M)$所构成的数量场,就是一个平行平面数量场.在与例 5 同样的坐标与记号的假定下,电位 v 的表示式为

$$v=\frac{q}{2\pi\varepsilon}\ln\frac{1}{r}+C,$$

其中 C 为任意常数(参看本章第五节之例 9).

平行平面数量场和平行平面矢量场在不致发生混淆的地方,均可简称为平行平面场或平面场(因为它们都可简化为平面场来研究).

习题 2

1. 说出下列数量场所在的空间区域,并求出其等值面:

(1) $u=\dfrac{1}{Ax+By+Cz+D}$;

(2) $u=\arcsin\dfrac{z}{\sqrt{x^2+y^2}}$.

2. 求数量场 $u=\dfrac{x^2+y^2}{z}$ 经过点 $M(1,1,2)$ 的等值面方程.

3. 已知数量场 $u=xy$,求场中与直线 $x+2y-4=0$ 相切的等值线方程.

4. 求矢量场 $\boldsymbol{A}=xy^2\boldsymbol{i}+x^2y\boldsymbol{j}+zy^2\boldsymbol{k}$ 的矢量线方程.

5. 求矢量场 $\boldsymbol{A}=x^2\boldsymbol{i}+y^2\boldsymbol{j}+(x+y)z\boldsymbol{k}$ 通过点 $M(2,1,1)$ 的矢量线方程.

*6. 求矢量场 $\boldsymbol{A}=0\boldsymbol{i}+2z\boldsymbol{j}+\boldsymbol{k}$ 通过曲线 C: $\begin{cases}z=4,\\x^2+y^2=R^2\end{cases}$ 的矢量管方程.

*7. 证明 $u=(x+y)^2-z$ 为平行平面数量场.

[提示:考察场中直线 l: $\begin{cases}x+y=2,\\z=1\end{cases}$ 以及与之平行的任一直线 L 上 u 的数值.]

第二节　数量场的方向导数和梯度

1. 方向导数

在数量场中,数量 $u=u(M)$ 的分布情况,由上节知道,可以借助于等值面或等值线来进行了解.但是这只能大致地了解到数量 u 在场中的总的分布情况,是一种整体性的了解.而研究数量场的另一个重要方面,就是还要对它作局部性的了解,即还要考察数量 u 在场中各个点处的邻域内沿每一方向的变化情况.为此,我们引进方向导数的概念.

定义 1　设 M_0 为数量场 $u=u(M)$ 中的一点,从点 M_0 出发引一条射线 l,在 l 上点 M_0 的邻近取一动点 M,记 $\overline{M_0M}=\rho$,如图 2-8.若当 $M\to M_0$ 时,比式

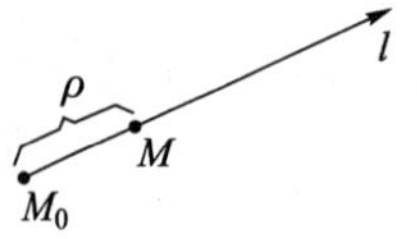

图 2-8

$$\frac{\Delta u}{\rho}=\frac{u(M)-u(M_0)}{\overline{M_0M}}$$

的极限存在,则称此极限为函数 $u(M)$ 在点 M_0 处**沿 l 方向的方向导数**,记作 $\left.\frac{\partial u}{\partial l}\right|_{M_0}$,即

$$\left.\frac{\partial u}{\partial l}\right|_{M_0}=\lim_{M\to M_0}\frac{u(M)-u(M_0)}{\overline{M_0M}}. \tag{2.1}$$

由此定义可知,方向导数 $\frac{\partial u}{\partial l}$ 是在一个点 M_0 处沿方向 l,函数 $u(M)$ 对距离的变化率.故当 $\frac{\partial u}{\partial l}>0$ 时,函数 u 沿 l 方向就是增加的;当 $\frac{\partial u}{\partial l}<0$ 时,函数 u 沿 l 方向就是减少的.

在直角坐标系中,方向导数有如下定理给出的计算公式.

定理 1　若函数 $u=u(x,y,z)$ 在点 $M_0(x_0,y_0,z_0)$ 处可微,则函数 u 在点 M_0 处沿 l 方向的方向导数必存在,且其数值由如下公式给出:

$$\frac{\partial u}{\partial l}=\frac{\partial u}{\partial x}\cos\alpha+\frac{\partial u}{\partial y}\cos\beta+\frac{\partial u}{\partial z}\cos\gamma, \tag{2.2}$$

其中 $\frac{\partial u}{\partial x},\frac{\partial u}{\partial y},\frac{\partial u}{\partial z}$ 是在点 M_0 处的偏导数,$\cos\alpha,\cos\beta,\cos\gamma$ 为 l 方向的方向余弦.

证　如图 2-8,设动点 M 的坐标为 $M(x_0+\Delta x,y_0+\Delta y,z_0+\Delta z)$.因 u 在点 M_0 可微,故有

$$\begin{aligned}\Delta u&=u(M)-u(M_0)\\&=\frac{\partial u}{\partial x}\Delta x+\frac{\partial u}{\partial y}\Delta y+\frac{\partial u}{\partial z}\Delta z+\omega\rho,\end{aligned}$$

其中 ω 在 $\rho\to0$ 时趋于零.将上式两端除以 ρ,得

$$\frac{\Delta u}{\rho}=\frac{\partial u}{\partial x}\frac{\Delta x}{\rho}+\frac{\partial u}{\partial y}\frac{\Delta y}{\rho}+\frac{\partial u}{\partial z}\frac{\Delta z}{\rho}+\omega,$$

即

$$\frac{\Delta u}{\rho}=\frac{\partial u}{\partial x}\cos\alpha+\frac{\partial u}{\partial y}\cos\beta+\frac{\partial u}{\partial z}\cos\gamma+\omega,$$

令 $\rho\to 0$ 取极限,注意到此时有 $\omega\to 0$,从而就得到公式(2.2).

例 1 求函数 $u=\sqrt{x^2+y^2+z^2}$ 在点 $M(1,0,1)$ 处沿 $\boldsymbol{l}=\boldsymbol{i}+2\boldsymbol{j}+2\boldsymbol{k}$ 方向的方向导数.

解
$$\frac{\partial u}{\partial x}=\frac{x}{\sqrt{x^2+y^2+z^2}},\quad \frac{\partial u}{\partial y}=\frac{y}{\sqrt{x^2+y^2+z^2}},$$
$$\frac{\partial u}{\partial z}=\frac{z}{\sqrt{x^2+y^2+z^2}}.$$

在点 $M(1,0,1)$ 处有
$$\frac{\partial u}{\partial x}=\frac{1}{\sqrt{2}},\quad \frac{\partial u}{\partial y}=0,\quad \frac{\partial u}{\partial z}=\frac{1}{\sqrt{2}}.$$

而 $\boldsymbol{l}$ 的方向余弦为
$$\cos\alpha=\frac{1}{3},\quad \cos\beta=\frac{2}{3},\quad \cos\gamma=\frac{2}{3}.$$

由公式(2.2)就得到
$$\frac{\partial u}{\partial l}=\frac{1}{\sqrt{2}}\cdot\frac{1}{3}+0\cdot\frac{2}{3}+\frac{1}{\sqrt{2}}\cdot\frac{2}{3}=\frac{1}{\sqrt{2}}.$$

定理 2 若在有向曲线 C 上取定一点 M_0 作为计算弧长 s 的起点,并以 C 之正向作为 s 增大的方向;M 为 C 上的一点,在点 M 处沿 C 之正向作一与 C 相切的射线 l,如图 2-9.则当曲线 C 光滑①,函数 u 在点 M 处可微时,函数 u 沿 l 方向的方向导数就等于函数 u 对 s 的全导数,即有下式成立

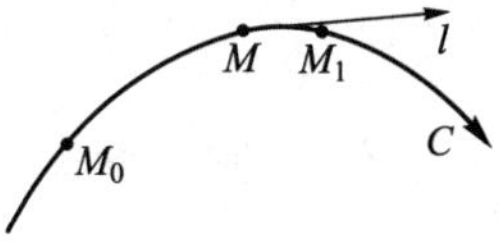

图 2-9

$$\frac{\partial u}{\partial l}=\frac{\mathrm{d}u}{\mathrm{d}s}. \tag{2.3}$$

证 因光滑曲线弧是可求长的(证明从略),即其弧长是存在的,据此,定理 2 中的曲线 C,由于是光滑的,所以它的参数方程就可用其弧长 s 作为参数而写成
$$x=x(s),\quad y=y(s),\quad z=z(s).$$

于是,沿曲线 C,函数
$$u=u[x(s),y(s),z(s)].$$

---

① 设曲线 C 的参数方程为 $x=x(t),y=y(t),z=z(t)$.如果这三个函数的导数 $x'(t),y'(t),z'(t)$ 都连续,且 $x'^2(t)+y'^2(t)+z'^2(t)\neq 0$,则称曲线 C 是**光滑曲线**,此时,曲线上各点处的切线方向是连续变化的.

又由于在点 M 处,函数 u 可微,按复合函数求导定理,即得 u 对 s 的全导数

$$\frac{\mathrm{d}u}{\mathrm{d}s}=\frac{\partial u}{\partial x}\frac{\mathrm{d}x}{\mathrm{d}s}+\frac{\partial u}{\partial y}\frac{\mathrm{d}y}{\mathrm{d}s}+\frac{\partial u}{\partial z}\frac{\mathrm{d}z}{\mathrm{d}s}.$$

注意到$\frac{\mathrm{d}x}{\mathrm{d}s},\frac{\mathrm{d}y}{\mathrm{d}s},\frac{\mathrm{d}z}{\mathrm{d}s}$是曲线 C 的正向切线 l 的方向余弦,若将其写成 $\cos\alpha,\cos\beta,\cos\gamma$,则

$$\frac{\mathrm{d}u}{\mathrm{d}s}=\frac{\partial u}{\partial x}\cos\alpha+\frac{\partial u}{\partial y}\cos\beta+\frac{\partial u}{\partial z}\cos\gamma.$$

与(2.2)式比较,即知有

$$\frac{\partial u}{\partial l}=\frac{\mathrm{d}u}{\mathrm{d}s}.$$

上面讲的是函数 u 沿直线的方向导数.此外,有时还需要研究函数 u 沿曲线的方向导数,其定义如下:

定义 2 如图 2-9,从点 M 出发沿 C 之正向取一点 M_1,记弧长$\overparen{MM_1}=\Delta s$.若当 $M_1\to M$ 时,比式

$$\frac{\Delta u}{\Delta s}=\frac{u(M_1)-u(M)}{\overparen{MM_1}}$$

的极限存在,则称此极限为函数 u 在点 M 处**沿曲线 C(正向)的方向导数**,记作$\frac{\partial u}{\partial s}$,即

$$\frac{\partial u}{\partial s}=\lim_{\Delta s\to 0}\frac{\Delta u}{\Delta s}=\lim_{M_1\to M}\frac{u(M_1)-u(M)}{\overparen{MM_1}}. \tag{2.4}$$

定理 3 若曲线 C 光滑,在点 M 处函数 u 可微,则有

$$\frac{\partial u}{\partial s}=\frac{\mathrm{d}u}{\mathrm{d}s}. \tag{2.5}$$

证 由于曲线 C 光滑,在点 M 处函数 u 可微,故全导数$\frac{\mathrm{d}u}{\mathrm{d}s}$存在.而$\frac{\partial u}{\partial s}$按定义实际上是一个右极限

$$\frac{\partial u}{\partial s}=\lim_{\Delta s\to 0^+}\frac{\Delta u}{\Delta s},$$

故当$\frac{\mathrm{d}u}{\mathrm{d}s}=\lim\limits_{\Delta s\to 0}\frac{\Delta u}{\Delta s}$存在时，就有$\frac{\partial u}{\partial s}=\frac{\mathrm{d}u}{\mathrm{d}s}$.

比较(2.3)与(2.5)两式，立得如下重要推论：

推论　若曲线 C 光滑，在点 M 处函数 u 可微，则有

$$\frac{\partial u}{\partial s}=\frac{\partial u}{\partial l}. \tag{2.6}$$

这就是说：函数 u 在点 M 处**沿曲线 C（正向）的方向导数**与函数 u 在点 M 处**沿切线方向（指向 C 的正向一侧）的方向导数相等**.

例 2　求函数 $u=3x^2y-y^2$ 在点 $M(2,3)$ 处沿曲线 $y=x^2-1$ 朝 x 增大一方的方向导数.

解　根据(2.6)式，只要求出函数 u 沿曲线 $y=x^2-1$ 在点$M(2,3)$处沿 x 增大方向的切线方向导数即可.为此，将所给曲线方程改写成矢量形式

$$\boldsymbol{r}=x\boldsymbol{i}+y\boldsymbol{j}=x\boldsymbol{i}+(x^2-1)\boldsymbol{j},$$

其导矢

$$\boldsymbol{r}'=\boldsymbol{i}+2x\boldsymbol{j}$$

就是曲线沿 x 增大方向的切向矢量.以点 $M(2,3)$ 的坐标代入，得

$$\boldsymbol{r}'\big|_M=\boldsymbol{i}+4\boldsymbol{j},$$

其方向余弦为

$$\cos\alpha=\frac{1}{\sqrt{17}},\quad \cos\beta=\frac{4}{\sqrt{17}}.$$

又函数 u 在点 $M(2,3)$ 处的偏导数

$$\left.\frac{\partial u}{\partial x}\right|_M=6xy\big|_M=36,\quad \left.\frac{\partial u}{\partial y}\right|_M=(3x^2-2y)\big|_M=6.$$

于是，所求的方向导数为

$$\left.\frac{\partial u}{\partial s}\right|_M=\left.\frac{\partial u}{\partial l}\right|_M=\left[\frac{\partial u}{\partial x}\cos\alpha+\frac{\partial u}{\partial y}\cos\beta\right]_M$$

$$=36\times\frac{1}{\sqrt{17}}+6\times\frac{4}{\sqrt{17}}=\frac{60}{\sqrt{17}}.$$

2. 梯度

(1) 梯度的定义

方向导数给我们解决了函数 $u(M)$ 在给定点处沿某个方向的变化率问题.然而从场中的给定点出发，有无穷多个方向，函数$u(M)$沿其中哪个方向的变

化率最大呢？最大的变化率又是多少呢？这是在科学技术中常常需要探讨的问题.为了解决这个问题,我们来分析方向导数的公式(2.2)

$$\frac{\partial u}{\partial l}=\frac{\partial u}{\partial x}\cos\alpha+\frac{\partial u}{\partial y}\cos\beta+\frac{\partial u}{\partial z}\cos\gamma,$$

其中 $\cos\alpha,\cos\beta,\cos\gamma$ 为 l 方向的方向余弦,也就是这个方向上的单位矢量 $\boldsymbol{l}^{\circ}=\cos\alpha\boldsymbol{i}+\cos\beta\boldsymbol{j}+\cos\gamma\boldsymbol{k}$ 的坐标.若把公式(2.2)右端的其余三个数$\frac{\partial u}{\partial x},\frac{\partial u}{\partial y},\frac{\partial u}{\partial z}$也视为一个矢量 $\boldsymbol{G}$ 的坐标,即取

$$\boldsymbol{G}=\frac{\partial u}{\partial x}\boldsymbol{i}+\frac{\partial u}{\partial y}\boldsymbol{j}+\frac{\partial u}{\partial z}\boldsymbol{k},$$

则公式(2.2)可以写成 $\boldsymbol{G}$ 与 $\boldsymbol{l}^{\circ}$的数量积

$$\frac{\partial u}{\partial l}=\boldsymbol{G}\cdot\boldsymbol{l}^{\circ}=|\boldsymbol{G}|\cos(\boldsymbol{G},\boldsymbol{l}^{\circ}).\tag{2.7}$$

显然,$\boldsymbol{G}$ 在给定的点处为一固定矢量,上式表明：$\boldsymbol{G}$ 在 l 方向上的投影正好等于函数 u 在该方向上的方向导数.因此,当方向 l 与 $\boldsymbol{G}$ 的方向一致时,即 $\cos(\boldsymbol{G},\boldsymbol{l}^{\circ})=1$ 时,方向导数取得最大值,其值为

$$\frac{\partial u}{\partial l}=|\boldsymbol{G}|.$$

由此可见,矢量 $\boldsymbol{G}$ 的方向就是函数 $u(M)$ 变化率最大的方向,其模也正好是这个最大变化率的数值.我们把 $\boldsymbol{G}$ 叫做函数 $u(M)$ 在给定点处的梯度.一般,我们有如下的定义：

定义 3 若在数量场 $u(M)$ 中的一点 M 处,存在这样一个矢量 $\boldsymbol{G}$,其方向为函数 $u(M)$ 在点 M 处变化率最大的方向,其模也正好是这个最大变化率的数值.则称矢量 $\boldsymbol{G}$ 为函数 $u(M)$ 在点 M 处的**梯度**,记作 $\mathbf{grad}\,u$,即

$$\mathbf{grad}\,u=\boldsymbol{G}.$$

梯度的这个定义是与坐标系无关的,它是由数量场中数量$u(M)$的分布所决定的.上面,我们借助于方向导数的公式求出了它在直角坐标系中的表示式为

$$\mathbf{grad}\,u=\frac{\partial u}{\partial x}\boldsymbol{i}+\frac{\partial u}{\partial y}\boldsymbol{j}+\frac{\partial u}{\partial z}\boldsymbol{k}.\tag{2.8}$$

(2) 梯度的性质

梯度矢量具有下面两个重要性质,参看图 2-10.

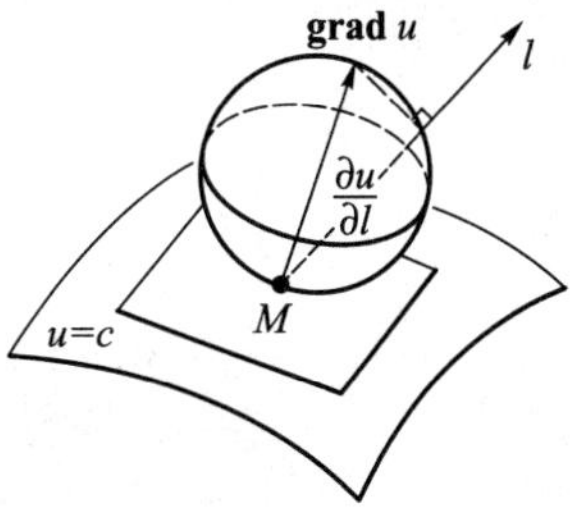

图 2-10

1）由前面(2.7)式可知，函数 u 沿 l 方向的方向导数等于梯度在该方向上的投影.可写作

$$\frac{\partial u}{\partial l}=\mathbf{grad}_l u. \tag{2.9}$$

2）数量场 $u(M)$ 中每一点 M 处的梯度，垂直于过该点的等值面，且指向函数 $u(M)$ 增大的一方.

因为，从(2.8)式可以看出，在点 M 处 $\mathbf{grad}\ u$ 的坐标 $\frac{\partial u}{\partial x},\frac{\partial u}{\partial y},\frac{\partial u}{\partial z}$ 正好是过点 M 的等值面 $u(x,y,z)=c$ 的法线方向数，故知梯度是此等值面的一个法矢量，因此它垂直于此等值面.

又由于函数 $u(M)$ 沿梯度方向的方向导数 $\frac{\partial u}{\partial l}=|\mathbf{grad}\ u|>0$，这说明函数 $u(M)$ 沿梯度方向是增大的，也就是梯度指向函数 $u(M)$ 增大的一方.

由此可知：在等值面上任一点处的单位法矢量 $\boldsymbol{n}^\circ$，就可以通过在该点处的梯度表示为

$$\boldsymbol{n}^\circ=\pm\frac{\mathbf{grad}\ u}{|\mathbf{grad}\ u|}, \tag{2.10}$$

其中符号由 $\boldsymbol{n}^\circ$ 的取向来确定：当 $\boldsymbol{n}^\circ$ 取向函数 $u(M)$ 增大一方时，取“+”号；反之，取“-”号.

梯度的上述两个性质，表明梯度矢量和方向导数以及数量场的等值面之间，存在着一种比较理想的关系，这就使得梯度成为研究数量场时的一个极为重要的概念，从而在科学技术问题中，也就有着比较广泛的应用.

如果我们把数量场中每一点的梯度与场中之点一一对应起来，就得到一个矢量场，称为由此数量场产生的**梯度场**.

例 3　设 $r=\sqrt{x^2+y^2+z^2}$ 为点 $M(x,y,z)$ 的矢径 $\boldsymbol{r}$ 的模，试证

$$\mathbf{grad}\ r=\frac{\boldsymbol{r}}{r}=\boldsymbol{r}^\circ.$$

证　因

$$\frac{\partial r}{\partial x}=\frac{x}{\sqrt{x^2+y^2+z^2}}=\frac{x}{r},$$

同样

$$\frac{\partial r}{\partial y}=\frac{y}{r},\quad \frac{\partial r}{\partial z}=\frac{z}{r},$$

于是

$$\begin{aligned}\mathbf{grad}\ r&=\frac{\partial r}{\partial x}\boldsymbol{i}+\frac{\partial r}{\partial y}\boldsymbol{j}+\frac{\partial r}{\partial z}\boldsymbol{k}\\&=\frac{x}{r}\boldsymbol{i}+\frac{y}{r}\boldsymbol{j}+\frac{z}{r}\boldsymbol{k}=\frac{\boldsymbol{r}}{r}=\boldsymbol{r}^{\circ}.\end{aligned}$$

例 4　求数量场 $u=xy^2+yz^3$ 在点 $M(2,-1,1)$ 处的梯度及在矢量 $\boldsymbol{l}=2\boldsymbol{i}+2\boldsymbol{j}-\boldsymbol{k}$ 方向的方向导数.

解　$\mathbf{grad}\ u=\frac{\partial u}{\partial x}\boldsymbol{i}+\frac{\partial u}{\partial y}\boldsymbol{j}+\frac{\partial u}{\partial z}\boldsymbol{k}$

$=y^2\boldsymbol{i}+(2xy+z^3)\boldsymbol{j}+3yz^2\boldsymbol{k}$,

$\mathbf{grad}\ u\big|_M=\boldsymbol{i}-3\boldsymbol{j}-3\boldsymbol{k}$.

又在 $\boldsymbol{l}$ 方向的单位矢量为

$$\boldsymbol{l}^{\circ}=\frac{\boldsymbol{l}}{|\boldsymbol{l}|}=\frac{2}{3}\boldsymbol{i}+\frac{2}{3}\boldsymbol{j}-\frac{1}{3}\boldsymbol{k},$$

于是有

$$\begin{aligned}\left.\frac{\partial u}{\partial l}\right|_M&=\mathbf{grad}_l u\Big|_M=[\mathbf{grad}\ u\cdot\boldsymbol{l}^{\circ}]_M\\&=1\times\frac{2}{3}+(-3)\times\frac{2}{3}+(-3)\times\left(-\frac{1}{3}\right)=-\frac{1}{3}.\end{aligned}$$

例 5　求常数 a,b,c 之值,使函数 $u=axy^2+byz+cz^2x^3$ 在点 $M(1,2,-1)$ 处沿平行于 Oz 轴方向上的方向导数取得最大值 32.

解　据题意,只要常数 a,b,c 之值使得点 M 处的梯度平行于 Oz 轴且其模为 32 即可.由于

$$\mathbf{grad}\ u=(ay^2+3cz^2x^2)\boldsymbol{i}+(2axy+bz)\boldsymbol{j}+(by+2czx^3)\boldsymbol{k},$$

$$\mathbf{grad}\ u\big|_M=(4a+3c)\boldsymbol{i}+(4a-b)\boldsymbol{j}+(2b-2c)\boldsymbol{k},$$

欲使 $\mathbf{grad}\ u\big|_M$ 平行于 Oz 轴且模为 32,则应有

$$4a+3c=0,\quad 4a-b=0,\quad 2b-2c=\pm 32.$$

由此解得

$$a=3,\quad b=12,\quad c=-4,$$

或

$$a=-3,\quad b=-12,\quad c=4.$$

这两组数值依次使点 M 处的梯度指向 Oz 轴之正向和负向，且其模均为 32.

例 6　求曲面 $(x-1)^2+y^2+(z+2)^2=9$ 上在点 $M(3,1,-4)$ 处的向外单位法矢量，以及在此点处的切平面方程.

解　所给曲面是一张球心在 $(1,0,-2)$ 处，半径为 3 的球面.现将其视为数量场 $u=(x-1)^2+y^2+(z+2)^2$ 当 u 取数值 9 时的一张等值面.其向外方向显然就是半径增大的方向，也就是函数 u 增大的方向.因此，在其上点 M 处的向外单位法矢量为

$$\boldsymbol{n}^{\circ}=\left.\frac{\mathbf{grad}\ u}{|\mathbf{grad}\ u|}\right|_M,$$

其中

$$\begin{aligned}\mathbf{grad}\ u\,|_M&=2(x-1)\boldsymbol{i}+2y\boldsymbol{j}+2(z+2)\boldsymbol{k}\,|_M\\&=4\boldsymbol{i}+2\boldsymbol{j}-4\boldsymbol{k},\end{aligned}$$

$$\left.|\mathbf{grad}\ u|\right|_M=\sqrt{4^2+2^2+(-4)^2}=6.$$

故

$$\boldsymbol{n}^{\circ}=\frac{2}{3}\boldsymbol{i}+\frac{1}{3}\boldsymbol{j}-\frac{2}{3}\boldsymbol{k}.$$

由此又得到所求的切平面方程为

$$\frac{2}{3}(x-3)+\frac{1}{3}(y-1)-\frac{2}{3}(z+4)=0,$$

或

$$2x+y-2z-15=0.$$

此例说明：只要把所考虑的曲面视为某个数量场 $u=u(x,y,z)$ 的一张等值面，则函数 u 在其上任一点处的梯度，就是所给曲面在该点处的一个法矢量，且指向函数 u 增大的一方.进而可求得此曲面在该点处的单位法矢量.

(3) 梯度运算的基本公式

1) $\mathbf{grad}\ c=\mathbf{0}$ (c 为常数)，

2) $\mathbf{grad}(cu)=c\,\mathbf{grad}\ u$ (c 为常数)，

3) $\mathbf{grad}(u\pm v)=\mathbf{grad}\ u\pm\mathbf{grad}\ v$，

4) $\mathbf{grad}(uv)=u\,\mathbf{grad}\ v+v\,\mathbf{grad}\ u$，

5) $\mathbf{grad}\left(\dfrac{u}{v}\right)=\dfrac{1}{v^2}(v\,\mathbf{grad}\ u-u\,\mathbf{grad}\ v)$，

6) $\mathbf{grad}\, f(u)=f'(u)\,\mathbf{grad}\, u$,

7) $\mathbf{grad}\, f(u,v)=\dfrac{\partial f}{\partial u}\mathbf{grad}\, u+\dfrac{\partial f}{\partial v}\mathbf{grad}\, v.$

下面的两个例子是梯度在传热学和电学中的应用.

例 7 设有一温度场 $u(M)$,由于场中各点的温度不尽相同,因此就有热的流动,由温度较高的点流向温度较低的点.根据热传导理论中的傅里叶(Fourier)定律:在场中之任一点处,沿任一方向的热流强度(即在该点处于单位时间内流过与该方向垂直的单位面积的热量)与该方向上的温度变化率成正比.即知在场中之任一点处,沿 l 方向的热流强度为

$$-k\frac{\partial u}{\partial l},$$

其中比例系数 $k>0$,称为**内导热系数**,其前面的负号,表示热流的方向与温度增大的方向相反.

由于 $\dfrac{\partial u}{\partial l}$ 等于梯度矢量 $\mathbf{grad}\, u$ 在 l 方向的投影,故知 $-k\dfrac{\partial u}{\partial l}$ 就等于矢量 $-k\mathbf{grad}\, u$ 在 l 方向的投影.若记

$$\boldsymbol{q}=-k\mathbf{grad}\, u,$$

则热流强度

$$-k\frac{\partial u}{\partial l}=|\boldsymbol{q}|\cos(\boldsymbol{q},l).$$

由此可见,当 l 的方向与 $\boldsymbol{q}$ 的方向一致时,$\cos(\boldsymbol{q},l)=1$,此时热流强度 $-k\dfrac{\partial u}{\partial l}$ 取得最大值 $|\boldsymbol{q}|$.这说明在场中之任一点处,矢量 $\boldsymbol{q}$ 的方向表示了热流强度最大的方向,其模也正好表示最大热流强度的数值.因此称 $\boldsymbol{q}$ 为**热流矢量**,它是传热学中的一个重要概念.

例 8 设有位于坐标原点的点电荷 q,由电学知道,在其周围空间的任一点 $M(x,y,z)$ 处所产生的电位为

$$v=\frac{q}{4\pi\varepsilon r},$$

其中 ε 为介电常数,$\boldsymbol{r}=x\boldsymbol{i}+y\boldsymbol{j}+z\boldsymbol{k}$,$r=|\boldsymbol{r}|$.试求电位 v 的梯度.

解 根据梯度运算的基本公式 6),得

$$\mathbf{grad}\ v=\mathbf{grad}\ \frac{q}{4\pi\varepsilon r}=-\frac{q}{4\pi\varepsilon r^2}\mathbf{grad}\ r.$$

从例 3 知 $\mathbf{grad}\ r=\frac{\boldsymbol{r}}{r}$,所以

$$\mathbf{grad}\ v=-\frac{q}{4\pi\varepsilon r^3}\boldsymbol{r}.$$

由于电场强度 $\boldsymbol{E}=\frac{q}{4\pi\varepsilon r^3}\boldsymbol{r}$,故有

$$\boldsymbol{E}=-\mathbf{grad}\ v.$$

此式说明:**电场中的电场强度等于电位的负梯度**.从而可知,电场强度垂直于等位面,且指向电位 v 减小的一方.

习题 3

1. 求数量场 $u=x^2z^3+2y^2z$ 在点 $M(2,0,-1)$ 处沿 $\boldsymbol{l}=2x\boldsymbol{i}-xy^2\boldsymbol{j}+3z^4\boldsymbol{k}$ 方向的方向导数.

2. 求数量场 $u=3x^2z-xy+z^2$ 在点 $M(1,-1,1)$ 处沿曲线 $x=t,y=-t^2,z=t^3$ 朝 t 增大一方的方向导数.

3. 数量场 $u=x^2yz^3$ 在点 $M(2,1,-1)$ 处沿哪个方向的方向导数最大? 这个最大值是多少?

4. 画出平面场 $u=\frac{1}{2}(x^2-y^2)$ 中 $u=0,\frac{1}{2},1,\frac{3}{2},2$ 的等值线,并画出场在点 $M_1(2,\sqrt{2})$ 与点 $M_2(3,\sqrt{7})$ 处的梯度矢量,看其是否符合下面事实:

(1) 梯度在等值线较密处的模较大,在较稀处的模较小;

(2) 在每一点处,梯度垂直于过该点的等值线,并指向 u 增大的方向.

5. 用以下两种方法求数量场 $u=xy+yz+zx$ 在点 $P(1,2,3)$ 处沿其矢径方向的方向导数.

(1) 直接应用方向导数公式;

(2) 将方向导数作为梯度在该方向上的投影.

6. 求数量场 $u=x^2+2y^2+3z^2+xy+3x-2y-6z$ 在点 $O(0,0,0)$ 与 $A(1,1,1)$ 处梯度的模和方向余弦.又问在哪些点上的梯度为 $\mathbf{0}$?

7. 通过梯度求曲面 $x^2y+2xz=4$ 上一点 $M(1,-2,3)$ 处的法线方程.

8. 求数量场 $u=3x^2+5y^2-2z$ 在点 $M(1,1,3)$ 处沿其等值面朝 Oz 轴正向一

方的法线方向导数$\frac{\partial u}{\partial n}$.

9. 设 $\boldsymbol{A}=P(x,y,z)\boldsymbol{i}+Q(x,y,z)\boldsymbol{j}+R(x,y,z)\boldsymbol{k}$,$\boldsymbol{r}=x\boldsymbol{i}+y\boldsymbol{j}+z\boldsymbol{k}$.求证:$\mathrm{d}\boldsymbol{A}=(\mathbf{grad}\,P\cdot\mathrm{d}\boldsymbol{r})\boldsymbol{i}+(\mathbf{grad}\,Q\cdot\mathrm{d}\boldsymbol{r})\boldsymbol{j}+(\mathbf{grad}\,R\cdot\mathrm{d}\boldsymbol{r})\boldsymbol{k}$.

*10. 证明 $\mathbf{grad}\,u$ 为常矢的充要条件是 u 为线性函数:

$$u=ax+by+cz+d \quad (a,b,c,d \text{ 为常数}).$$

*11. 若在数量场 $u=u(M)$ 中恒有 $\mathbf{grad}\,u=\mathbf{0}$,证明 $u=$常数.

*12. 设函数 $u=u(M)$ 在点 M_0 处可微,且 $u(M)\leqslant u(M_0)$,试证明在点 M_0 处有 $\mathbf{grad}\,u=\mathbf{0}$.

第三节　矢量场的通量及散度

这里先介绍两个术语:

(1) 简单曲线

所谓简单曲线,是指这样的连续曲线,设其参数方程为

$$x=\varphi(t),\quad y=\psi(t),\quad z=\omega(t),$$

则曲线上的每一点都只对应唯一一个参数值 t.在闭合曲线的情形下,其闭合点(对应于两个极端参数值时)是例外.

可见,简单曲线的一般特征是一条没有重点的连续曲线.

(2) 简单曲面

所谓简单曲面,是指这样的连续曲面,设其参数方程为

$$x=\varphi(u,v),\quad y=\psi(u,v),\quad z=\omega(u,v),$$

则曲面上的每一点都只对应唯一一对参数值(u,v).在闭合曲面的情形下,其闭合点(对应于两对极端参数值时)是例外.

可见,简单曲面的一般特征是一块没有重点的连续曲面.

为了讨论方便,我们假定:以后所讲到的曲线都是分段光滑的简单曲线,所讲到的曲面也都是分块光滑的简单曲面.

此外,为了区分双侧曲面的两侧,常常取定其中的一侧作为曲面的正侧,另一侧作为负侧;如果曲面是封闭的,则按习惯总是取其外侧为正侧.这种取定了正侧的曲面,叫做**有向曲面**.对有向曲面来说,规定其法矢量 $\boldsymbol{n}$ 恒指向我们研究问题时所取的一侧.

同样,对于取定了正方向的**有向曲线**来说,也规定其切向矢量 $\boldsymbol{t}$ 恒指向我们研究问题时所取的一方.

1. 通量

先看一个例子,设有流速场 $\boldsymbol{v}(M)$,其中流体是不可压缩的(即流体之密度是不变的),为了简便,不妨假定其密度为 1[①].设 S 为场中一有向曲面,我们来求在单位时间内流体向正侧穿过 S 的流量 Q(此时,S 的法矢量 $\boldsymbol{n}$ 按上述规定,指向我们所取的 S 的正侧).

如图 2-11,在 S 上取一曲面元素 $\mathrm{d}S$,同时又以 $\mathrm{d}S$ 表示其面积,M 为 $\mathrm{d}S$ 上任一点,由于 $\mathrm{d}S$ 甚小,可以将其上每一点处的速度矢量 $\boldsymbol{v}$ 与法矢量 $\boldsymbol{n}$ 都近似地看作不变,且都与点 M 处的 $\boldsymbol{v}$ 与 $\boldsymbol{n}$ 相同.这样,流体穿过 $\mathrm{d}S$ 的流量 $\mathrm{d}Q$,就近似地等于以 $\mathrm{d}S$ 为底面积,v_n 为高的柱体体积(v_n 为 $\boldsymbol{v}$ 在 $\boldsymbol{n}$ 上的投影),即

$$\mathrm{d}Q = v_n \mathrm{d}S. \tag{3.1}$$

若以 $\boldsymbol{n}^{\circ}$表示点 M 处的单位法矢量,则有

$$v_n \mathrm{d}S = (\boldsymbol{v} \cdot \boldsymbol{n}^{\circ})\mathrm{d}S = \boldsymbol{v} \cdot (\boldsymbol{n}^{\circ}\mathrm{d}S).$$

据此,又可以写成

$$\mathrm{d}Q = \boldsymbol{v} \cdot \mathrm{d}\boldsymbol{S}, \tag{3.2}$$

其中 $\mathrm{d}\boldsymbol{S}=\boldsymbol{n}^{\circ}\mathrm{d}S$ 叫做**曲面元矢量**,它是在点 M 处的这样一个矢量,其方向与 $\boldsymbol{n}$ 一致,其模等于面积 $\mathrm{d}S$,如图 2-12.

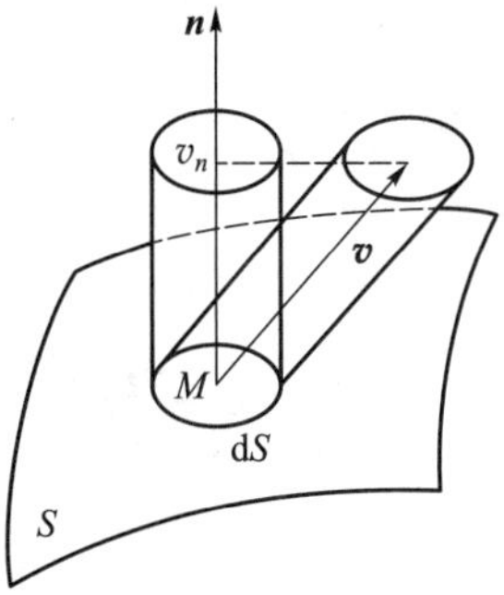

图 2-11

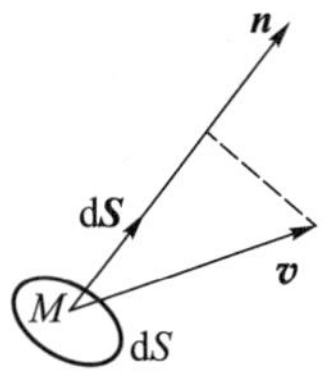

图 2-12

据此,在单位时间内向正侧穿过 S 的流量,就可用曲面积分表示为

$$Q = \iint_S v_n \mathrm{d}S = \iint_S \boldsymbol{v} \cdot \mathrm{d}\boldsymbol{S}. \tag{3.3}$$

事实上,这种形式的曲面积分,在其他矢量场中也常常碰到.例如:在电位移矢量 $\boldsymbol{D}$ 分布的电场中,穿过曲面 S 的电通量

① 以后,凡提到流速场之处,均作此假定,而不再说明.

$$\Phi_e = \iint_S D_n \mathrm{d}S = \iint_S \boldsymbol{D} \cdot \mathrm{d}\boldsymbol{S}. \tag{3.4}$$

在磁感应强度矢量 $\boldsymbol{B}$ 分布的磁场中,穿过曲面 S 的磁通量

$$\Phi_m = \iint_S B_n \mathrm{d}S = \iint_S \boldsymbol{B} \cdot \mathrm{d}\boldsymbol{S}. \tag{3.5}$$

为了便于研究,数学上就把形如上述的一类曲面积分,概括成为通量的概念,其定义如下.

(1) 通量的定义

定义 1 设有矢量场 $\boldsymbol{A}(M)$,沿其中有向曲面 S 某一侧的曲面积分

$$\Phi = \iint_S A_n \mathrm{d}S = \iint_S \boldsymbol{A} \cdot \mathrm{d}\boldsymbol{S} \tag{3.6}$$

叫做矢量场 $\boldsymbol{A}(M)$ 向积分所沿一侧穿过曲面 S 的**通量**.

若

$$\boldsymbol{A} = \boldsymbol{A}_1 + \boldsymbol{A}_2 + \cdots + \boldsymbol{A}_m = \sum_{i=1}^{m} \boldsymbol{A}_i,$$

则有

$$\Phi = \iint_S \boldsymbol{A} \cdot \mathrm{d}\boldsymbol{S} = \iint_S \left(\sum_{i=1}^{m} \boldsymbol{A}_i \right) \cdot \mathrm{d}\boldsymbol{S} = \sum_{i=1}^{m} \iint_S \boldsymbol{A}_i \cdot \mathrm{d}\boldsymbol{S}$$

$$= \sum_{i=1}^{m} \Phi_i. \tag{3.7}$$

此式表明,通量是可以叠加的.

在直角坐标系中,设

$$\boldsymbol{A} = P(x,y,z)\boldsymbol{i} + Q(x,y,z)\boldsymbol{j} + R(x,y,z)\boldsymbol{k},$$

又

$$\begin{aligned} \mathrm{d}\boldsymbol{S} &= \boldsymbol{n}^{\circ}\mathrm{d}S \\ &= \mathrm{d}S\cos(\boldsymbol{n},x)\boldsymbol{i} + \mathrm{d}S\cos(\boldsymbol{n},y)\boldsymbol{j} + \mathrm{d}S\cos(\boldsymbol{n},z)\boldsymbol{k} \\ &= \mathrm{d}y\mathrm{d}z\boldsymbol{i} + \mathrm{d}x\mathrm{d}z\boldsymbol{j} + \mathrm{d}x\mathrm{d}y\boldsymbol{k}, \end{aligned}$$

则通量可以写成

$$\Phi = \iint_S \boldsymbol{A} \cdot \mathrm{d}\boldsymbol{S} = \iint_S P\mathrm{d}y\mathrm{d}z + Q\mathrm{d}x\mathrm{d}z + R\mathrm{d}x\mathrm{d}y. \tag{3.8}$$

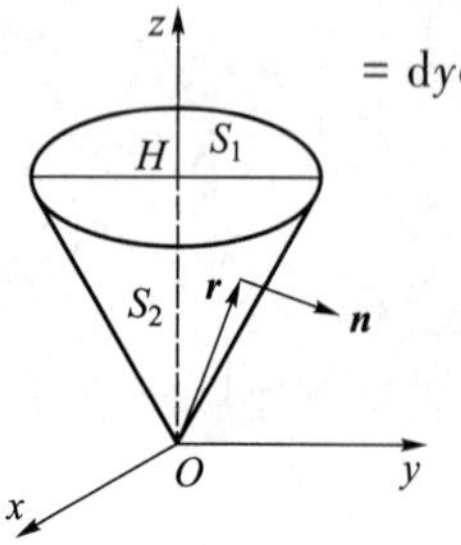

图 2-13

例 1 设由矢径 $\boldsymbol{r}=x\boldsymbol{i}+y\boldsymbol{j}+z\boldsymbol{k}$ 构成的矢量场中,有一由圆锥面 $x^2+y^2=z^2$ 及平面 $z=H$ ($H>0$) 所围成的封闭曲面 S,如图 2-13.试求矢量场 $\boldsymbol{r}$ 从 S 内穿出 S 的通量 Φ.

解　以 S_1 表示曲面 S 的平面部分，以 S_2 表其锥面部分，则

$$\Phi = \oiint_S \boldsymbol{r} \cdot \mathrm{d}\boldsymbol{S} = \iint_{S_1} \boldsymbol{r} \cdot \mathrm{d}\boldsymbol{S} + \iint_{S_2} \boldsymbol{r} \cdot \mathrm{d}\boldsymbol{S}.$$

右端第一个积分

$$\iint_{S_1} \boldsymbol{r} \cdot \mathrm{d}\boldsymbol{S} = \iint_{S_1} x\mathrm{d}y\mathrm{d}z + y\mathrm{d}x\mathrm{d}z + z\mathrm{d}x\mathrm{d}y$$

$$= \iint_{D_1} H\mathrm{d}x\mathrm{d}y = H\iint_{D_1}\mathrm{d}x\mathrm{d}y = H \cdot \pi H^2 = \pi H^3,$$

其中 D_1 为 S_1 在 xOy 面上的投影，是一个圆域：$x^2+y^2 \leqslant H^2$.对于右端第二个积分，只要注意到在 S_2 上有 $\boldsymbol{r} \perp \boldsymbol{n}$，就有

$$\iint_{S_2} \boldsymbol{r} \cdot \mathrm{d}\boldsymbol{S} = \iint_{S_2} r_n \mathrm{d}S = \iint_{S_2} 0\mathrm{d}S = 0,$$

所以

$$\Phi = \oiint_S \boldsymbol{r} \cdot \mathrm{d}\boldsymbol{S} = \pi H^3.$$

例 2　设 S 为曲面 $z=x^2+3y^2$ 被围在圆柱面 $x^2+y^2=4$ 内的部分.求矢量场 $\boldsymbol{A}=2x\boldsymbol{i}+y\boldsymbol{j}+z\boldsymbol{k}$ 向下穿出 S 的通量 Φ.

解　将 S 看作函数 $u=z-x^2-3y^2$ 当 u 取数值 0 时的一张等值面.由于矢量场 $\boldsymbol{A}$ 向下穿出 S 的方向，是 z 减小同时也是函数 u 减小的方向，故 S 朝此方向的单位法矢量为

$$\boldsymbol{n}^\circ = -\frac{\mathbf{grad}\ u}{|\mathbf{grad}\ u|} = \frac{2x\boldsymbol{i} + 6y\boldsymbol{j} - \boldsymbol{k}}{\sqrt{4x^2 + 36y^2 + 1}},$$

于是，所求通量

$$\Phi = \iint_S \boldsymbol{A} \cdot \boldsymbol{n}^\circ \mathrm{d}S = \iint_S \frac{4x^2 + 6y^2 - z}{\sqrt{4x^2 + 36y^2 + 1}}\mathrm{d}S$$

$$= \iint_{D_{xy}} \frac{4x^2 + 6y^2 - (x^2 + 3y^2)}{\sqrt{4x^2 + 36y^2 + 1}} \cdot \sqrt{1 + 4x^2 + 36y^2}\,\mathrm{d}x\mathrm{d}y$$

$$= \iint_{D_{xy}} 3(x^2 + y^2)\mathrm{d}x\mathrm{d}y = \int_0^{2\pi}\mathrm{d}\theta\int_0^2 3r^3\mathrm{d}r$$

$$= 24\pi.$$

例 3　设 S 是矢量场 $\boldsymbol{A}$ 中的一张矢量面，则场 $\boldsymbol{A}$ 从其任一侧穿过 S 的通量均为零.

证 由于矢量场 $\boldsymbol{A}$ 中的矢量面 S,是由场 $\boldsymbol{A}$ 的矢量线所构成,因此,S 上每一点处的场矢量 $\boldsymbol{A}$,均与过该点的矢量线相切,从而 $\boldsymbol{A}$ 就位于 S 在该点的切平面内,这样,$\boldsymbol{A}$ 就与 S 在该点处指向任一侧的法矢量 $\boldsymbol{n}$ 相垂直.所以,在矢量面 S 上,恒有 $\boldsymbol{A}$ 在 $\boldsymbol{n}$ 方向上的投影 $A_n=0$.因此,矢量场 $\boldsymbol{A}$ 从矢量面 S 的任一侧穿过 S 的通量

$$\Phi = \iint_S \boldsymbol{A}\cdot \mathrm{d}\boldsymbol{S} = \iint_S A_n \mathrm{d}S = 0.$$

(2) 通量为正、负、零时的物理意义

我们仍用流速场 $\boldsymbol{v}(M)$ 来说明:

设在单位时间内流体向正侧穿过 S 的流量为 Q,则根据前面所述,在单位时间内流体向正侧穿过曲面元素 $\mathrm{d}S$ 的流量为

$$\mathrm{d}Q = \boldsymbol{v}\cdot \mathrm{d}\boldsymbol{S}.$$

这实际上是一个代数值.因为,当 $\boldsymbol{v}$ 是从 $\mathrm{d}S$ 的负侧穿到 $\mathrm{d}S$ 的正侧时,$\boldsymbol{v}$ 与 $\boldsymbol{n}$ 相交成锐角,此时 $\mathrm{d}Q=\boldsymbol{v}\cdot\mathrm{d}\boldsymbol{S}>0$ 为正流量(图2-14(a));反之,如 $\boldsymbol{v}$ 是从 $\mathrm{d}S$ 的正侧穿到 $\mathrm{d}S$ 的负侧时,$\boldsymbol{v}$ 与 $\boldsymbol{n}$ 相交成钝角,此时 $\mathrm{d}Q=\boldsymbol{v}\cdot\mathrm{d}\boldsymbol{S}<0$ 为负流量(图2-14(b)).

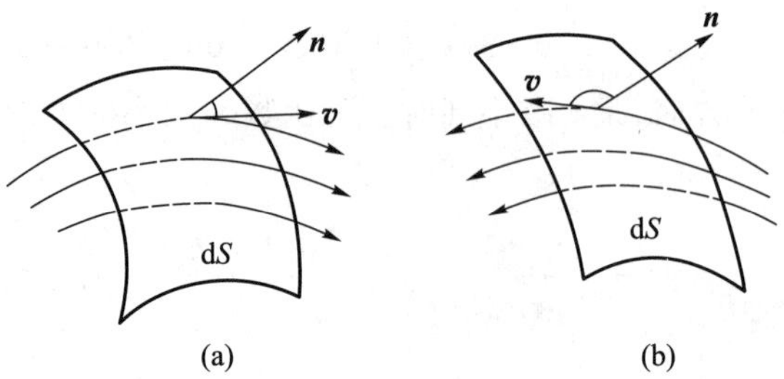

图 2-14

因此,对于总流量

$$Q = \iint_S \boldsymbol{v}\cdot \mathrm{d}\boldsymbol{S},$$

一般应理解为:它是在单位时间内流体向正侧穿过曲面 S 的正流量与负流量的代数和.所以,当 $Q>0$ 时,就表示向正侧穿过 S 的流量多于沿相反方向穿过 S 的流量;同理,当 $Q<0$ 或 $Q=0$ 时,则表示向正侧穿过 S 的流量少于或等于沿相反方向穿过 S 的流量.

如果 S 为一封闭曲面,此时积分 $\oiint_S$ 在无特别申明时,即指沿 S 的外侧.因

此流量

$$Q=\oiint_S \boldsymbol{v}\cdot \mathrm{d}\boldsymbol{S}$$

表示从内穿出 S 的正流量与从外穿入 S 的负流量的代数和.从而当 $Q>0$ 时,就表示流出多于流入,此时在 S 内必有产生流体的**泉源**.当然,也可能还有排出流体的**漏洞**,但所产生的流体必定多于排出的流体.因此,在 $Q>0$ 时,不论 S 内有无漏洞,我们总说 S 内**有正源**;同理,当 $Q<0$ 时,我们就说 S 内**有负源**.这两种情况,合称为 S 内**有源**.但是,当 $Q=0$ 时,我们不能断言 S 内无源.因为这时,在 S 内可能出现既有正源又有负源,二者恰好相互抵消而出现 $Q=0$ 的情况.

因此,在一般矢量场 $\boldsymbol{A}(M)$ 中,对于穿出封闭曲面 S 的通量 $\boldsymbol{\Phi}$,当其不为零时,我们也视其为正或为负而说 S 内有产生通量 $\boldsymbol{\Phi}$ 的正源或负源.至于其源的实际意义为何,应视具体的物理场而定.

例 4 在点电荷 q 所产生的电场中,任何一点 M 处的电位移矢量为

$$\boldsymbol{D}=\frac{q}{4\pi r^2}\boldsymbol{r}^{\circ},$$

其中 r 是点电荷 q 到点 M 的距离,$\boldsymbol{r}^{\circ}$是从点电荷 q 指向点 M 的单位矢量.设 S 为以点电荷为球心,R 为半径的球面,求从内穿出 S 的电通量 $\boldsymbol{\Phi}_e$.

解 如图 2-15,在球面 S 上恒有 $r=R$,且法矢量 $\boldsymbol{n}$ 与 $\boldsymbol{r}^{\circ}$的方向一致.所以

$$\boldsymbol{\Phi}_e=\oiint_S \boldsymbol{D}\cdot \mathrm{d}\boldsymbol{S}=\frac{q}{4\pi R^2}\oiint_S \boldsymbol{r}^{\circ}\cdot \mathrm{d}\boldsymbol{S}$$

$$=\frac{q}{4\pi R^2}\oiint_S \mathrm{d}S=\frac{q}{4\pi R^2}\cdot 4\pi R^2=q.$$

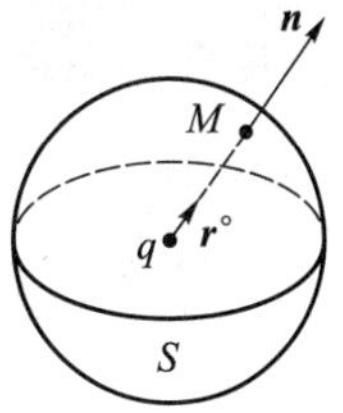

图 2-15

可见,在球面 S 内产生电通量 $\boldsymbol{\Phi}_e$ 的源,乃是电场中的电荷 q,当 q 为正电荷时为正源,当 q 为负电荷时为负源.

2. 散度

由上述可知,在矢量场 $\boldsymbol{A}(M)$ 中,对于穿出闭曲面 S 的通量 $\boldsymbol{\Phi}$,我们可以视其为正或为负得知 S 内有产生 $\boldsymbol{\Phi}$ 的正源或负源.但仅此还不能了解源在 S 内的分布情况以及源的强弱程度等问题.为了研究此问题,我们引入矢量场的散度概念.

(1) 散度的定义

定义 2 设有矢量场 $\boldsymbol{A}(M)$,于场中一点 M 的某个邻域内作一包含 M 点在内的任一闭曲面 ΔS,设其所包围的空间区域为 $\Delta\Omega$,以 ΔV 表示其体积,以

$\Delta\Phi$ 表示从其内穿出 ΔS 的通量.若当 $\Delta\Omega$ 以任意方式缩向点 M 时,比式

$$\frac{\Delta\Phi}{\Delta V}=\frac{\oiint\limits_{\Delta S}\boldsymbol{A}\cdot\mathrm{d}\boldsymbol{S}}{\Delta V}$$

之极限存在,则称此极限为矢量场 $\boldsymbol{A}(M)$ 在点 M 处的**散度**,记作 $\operatorname{div}\boldsymbol{A}$,即

$$\operatorname{div}\boldsymbol{A}=\lim_{\Delta\Omega\to M}\frac{\Delta\Phi}{\Delta V}=\lim_{\Delta\Omega\to M}\frac{\oiint\limits_{\Delta S}\boldsymbol{A}\cdot\mathrm{d}\boldsymbol{S}}{\Delta V}.\tag{3.9}$$

由此定义可见,散度 $\operatorname{div}\boldsymbol{A}$ 为一数量,表示在场中一点处通量对体积的变化率,称为该点处**源的强度**.因此,当 $\operatorname{div}\boldsymbol{A}$ 之值不为零时,其符号为正或为负,就顺次表示在该点处有散发通量之正源或有吸收通量的负源,其绝对值 $|\operatorname{div}\boldsymbol{A}|$ 就相应地表示在该点处散发通量或吸收通量的强度;而当 $\operatorname{div}\boldsymbol{A}$ 之值为零时,就表示在该点处无源.由此,称 $\operatorname{div}\boldsymbol{A}\equiv 0$ 的矢量场 $\boldsymbol{A}$ 为**无源场**.

如果把矢量场 $\boldsymbol{A}$ 中每一点的散度与场中之点一一对应起来,就得到一个数量场,称为由此矢量场产生的**散度场**.

(2) 散度在直角坐标系中的表示式

散度的定义是与坐标系无关的.下面的定理给出了它在直角坐标系中的表示式.

定理　在直角坐标系中,矢量场

$$\boldsymbol{A}=P(x,y,z)\boldsymbol{i}+Q(x,y,z)\boldsymbol{j}+R(x,y,z)\boldsymbol{k}$$

在任一点 $M(x,y,z)$ 处的散度为

$$\operatorname{div}\boldsymbol{A}=\frac{\partial P}{\partial x}+\frac{\partial Q}{\partial y}+\frac{\partial R}{\partial z}.\tag{3.10}$$

证　由奥斯特罗格拉茨基(M.B.Остроградский)公式

$$\Delta\Phi=\oiint\limits_{\Delta S}\boldsymbol{A}\cdot\mathrm{d}\boldsymbol{S}=\oiint\limits_{\Delta S}P\mathrm{d}y\mathrm{d}z+Q\mathrm{d}x\mathrm{d}z+R\mathrm{d}x\mathrm{d}y$$
$$=\iiint\limits_{\Delta\Omega}\left(\frac{\partial P}{\partial x}+\frac{\partial Q}{\partial y}+\frac{\partial R}{\partial z}\right)\mathrm{d}V,$$

再按中值定理有

$$\Delta\Phi=\left[\frac{\partial P}{\partial x}+\frac{\partial Q}{\partial y}+\frac{\partial R}{\partial z}\right]_{M^*}\Delta V,$$

其中 M^* 为在 $\Delta\Omega$ 内的某一点.由此

$$\mathrm{div}\,\boldsymbol{A}=\lim_{\Delta\Omega\to M}\frac{\Delta\Phi}{\Delta V}=\lim_{\Delta\Omega\to M}\left[\frac{\partial P}{\partial x}+\frac{\partial Q}{\partial y}+\frac{\partial R}{\partial z}\right]_{M^*},$$

当 $\Delta\Omega$ 缩向点 M 时,M^* 就趋于点 M,所以

$$\mathrm{div}\,\boldsymbol{A}=\frac{\partial P}{\partial x}+\frac{\partial Q}{\partial y}+\frac{\partial R}{\partial z}.$$

由此定理,我们可以得到下面的推论:

推论 1　奥斯特罗格拉茨基公式可以写成如下的矢量形式:

$$\oint\!\!\!\oint_S \boldsymbol{A}\cdot\mathrm{d}\boldsymbol{S}=\iiint_\Omega \mathrm{div}\,\boldsymbol{A}\mathrm{d}V. \tag{3.11}$$

由此可以看出通量和散度之间的一种关系,即:穿出封闭曲面 S 的通量,等于 S 所围的区域 Ω 上的散度在 Ω 上的三重积分.

推论 2　由推论 1 可知:若在封闭曲面 S 内处处有 $\mathrm{div}\,\boldsymbol{A}=0$,则从内穿出 S 的通量

$$\oint\!\!\!\oint_S \boldsymbol{A}\cdot\mathrm{d}\boldsymbol{S}=0.$$

推论 3　若在矢量场 $\boldsymbol{A}$ 内某些点(或区域)上有 $\mathrm{div}\,\boldsymbol{A}\neq0$ 或 $\mathrm{div}\,\boldsymbol{A}$ 不存在,而在其他的点上都有 $\mathrm{div}\,\boldsymbol{A}=0$,则穿出包围这些点(或区域)的任意两张封闭曲面的通量都相等,即为一常数.

证　如图 2-16,设 $\mathrm{div}\,\boldsymbol{A}\neq0$ 或 $\mathrm{div}\,\boldsymbol{A}$ 不存在之点在区域 R 内.

① 在矢量场 $\boldsymbol{A}$ 中任作两张包围 R 在内但互不相交的封闭曲面 S_1 与 S_2,分别以 $\boldsymbol{n}_1,\boldsymbol{n}_2$ 为其外向法矢量.则在 S_1 与 S_2 所包围的区域 Ω 上,处处有 $\mathrm{div}\,\boldsymbol{A}=0$.因此,由推论 2 有

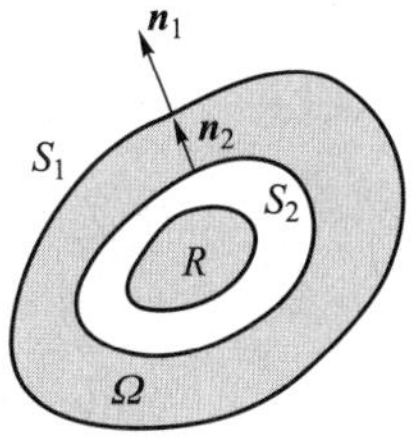

图 2-16

$$\oint\!\!\!\oint_{S_1+S_2} A_n\mathrm{d}S=0,$$

其中 A_n 为矢量 $\boldsymbol{A}$ 在 Ω 的边界曲面(即由 S_1 与 S_2 所组成的封闭曲面)的外向法矢量 $\boldsymbol{n}$ 的方向上的投影.注意到在 S_1 上 $\boldsymbol{n}$ 与 $\boldsymbol{n}_1$ 的指向相同,而在 S_2 上 $\boldsymbol{n}$ 与 $\boldsymbol{n}_2$ 的指向相反,因此,由上式有

$$\oint\!\!\!\oint_{S_1} A_{n_1}\mathrm{d}S-\oint\!\!\!\oint_{S_2} A_{n_2}\mathrm{d}S=0,$$

移项即得

$$\oint\!\!\!\oint_{S_1} A_{n_1}\mathrm{d}S=\oint\!\!\!\oint_{S_2} A_{n_2}\mathrm{d}S.$$

② 若所作的封闭曲面 S_1 与 S_2 相交,则在矢量场 $\boldsymbol{A}$ 中再作一张同时包含 S_1 与 S_2 在其内的封闭曲面 S_3,以 $\boldsymbol{n}_3$ 表示其外向法矢量,则 S_3 分别与 S_1,S_2 都不相交,按①中证明的结果有

$$\oiint_{S_1} A_{n_1}\,\mathrm{d}S = \oiint_{S_3} A_{n_3}\,\mathrm{d}S, \quad \oiint_{S_2} A_{n_2}\,\mathrm{d}S = \oiint_{S_3} A_{n_3}\,\mathrm{d}S,$$

所以亦有

$$\oiint_{S_1} A_{n_1}\,\mathrm{d}S = \oiint_{S_2} A_{n_2}\,\mathrm{d}S.$$

例 5 在点电荷 q 所产生的静电场中,求电位移矢量 $\boldsymbol{D}$ 在任何一点 M 处的散度 $\mathrm{div}\,\boldsymbol{D}$.

解 取点电荷所在之点为坐标原点.此时

$$\boldsymbol{D} = \frac{q}{4\pi r^3}\boldsymbol{r},$$

其中 $\boldsymbol{r}=x\boldsymbol{i}+y\boldsymbol{j}+z\boldsymbol{k}$,$r=|\boldsymbol{r}|$.因此

$$D_x = \frac{qx}{4\pi r^3}, \quad D_y = \frac{qy}{4\pi r^3}, \quad D_z = \frac{qz}{4\pi r^3}.$$

于是有

$$\frac{\partial D_x}{\partial x} = \frac{q}{4\pi}\frac{r^2-3x^2}{r^5}, \quad \frac{\partial D_y}{\partial y} = \frac{q}{4\pi}\frac{r^2-3y^2}{r^5},$$

$$\frac{\partial D_z}{\partial z} = \frac{q}{4\pi}\frac{r^2-3z^2}{r^5},$$

所以

$$\begin{aligned}\mathrm{div}\,\boldsymbol{D} &= \frac{\partial D_x}{\partial x}+\frac{\partial D_y}{\partial y}+\frac{\partial D_z}{\partial z}\\ &= \frac{q}{4\pi}\frac{3r^2-3(x^2+y^2+z^2)}{r^5} = 0 \quad (r\neq 0).\end{aligned}$$

可见,除点电荷 q 所在的原点($r=0$)处 $\mathrm{div}\,\boldsymbol{D}$ 不存在外,电位移 $\boldsymbol{D}$ 的散度处处为零,即为一无源场.因此,根据推论 3 和例 4 的结果可知,电场穿过包含点电荷 q 在内的任何封闭曲面 S 的电通量都等于 q,即

$$\boldsymbol{\Phi}_e = \oiint_S \boldsymbol{D}\cdot\mathrm{d}\boldsymbol{S} = q.$$

前面讲过,通量是可以叠加的.故若有 m 个点电荷 $q_1,q_2\cdots,q_m$ 分布在不同

的 m 个点上,则穿出包围这 m 个点电荷在内的任一封闭曲面 S 的电通量 $\boldsymbol{\Phi}_e$,就可以看成是由 S 内每个点电荷q_i $(i=1,2,\cdots,m)$所产生并穿出 S 的电通量 $\boldsymbol{\Phi}_i=q_i$ 的代数和,即有

$$\boldsymbol{\Phi}_e=\sum_{i=1}^{m}\boldsymbol{\Phi}_i=\sum_{i=1}^{m}q_i=Q. \tag{3.12}$$

此结果说明:穿出任一封闭曲面 S 的电通量,等于其内各点电荷的代数和.这就是电学上的高斯(Gauss)定理.

对于在电荷连续分布的电场中,电位移矢量 $\boldsymbol{D}$ 的散度为

$$\operatorname{div}\boldsymbol{D}=\lim_{\Delta\Omega\to M}\frac{\oiint\limits_{\Delta S}\boldsymbol{D}\cdot\mathrm{d}\boldsymbol{S}}{\Delta V}=\lim_{\Delta\Omega\to M}\frac{\Delta\boldsymbol{\Phi}_e}{\Delta V},$$

根据高斯定理

$$\operatorname{div}\boldsymbol{D}=\lim_{\Delta\Omega\to M}\frac{\Delta Q}{\Delta V}=\rho, \tag{3.13}$$

即电位移 $\boldsymbol{D}$ 的散度等于电荷分布的体密度 ρ.

(3) 散度运算的基本公式

1) $\operatorname{div}(c\boldsymbol{A})=c\operatorname{div}\boldsymbol{A}$ (c 为常数),

2) $\operatorname{div}(\boldsymbol{A}\pm\boldsymbol{B})=\operatorname{div}\boldsymbol{A}\pm\operatorname{div}\boldsymbol{B}$,

3) $\operatorname{div}(u\boldsymbol{A})=u\operatorname{div}\boldsymbol{A}+\mathbf{grad}\,u\cdot\boldsymbol{A}$ (u 为数性函数).

例 6　已知 $\varphi=\mathrm{e}^{xyz}$,$\boldsymbol{r}=x\boldsymbol{i}+y\boldsymbol{j}+z\boldsymbol{k}$,求 $\operatorname{div}(\varphi\boldsymbol{r})$.

解　由基本公式得

$$\operatorname{div}(\varphi\boldsymbol{r})=\varphi\operatorname{div}\boldsymbol{r}+\mathbf{grad}\,\varphi\cdot\boldsymbol{r}.$$

由于

$$\operatorname{div}\boldsymbol{r}=\operatorname{div}(x\boldsymbol{i}+y\boldsymbol{j}+z\boldsymbol{k})=3,$$

$$\mathbf{grad}\,\varphi=\mathbf{grad}\,\mathrm{e}^{xyz}=\mathrm{e}^{xyz}(yz\boldsymbol{i}+xz\boldsymbol{j}+xy\boldsymbol{k}),$$

故

$$\operatorname{div}(\varphi\boldsymbol{r})=3\mathrm{e}^{xyz}+\mathrm{e}^{xyz}\cdot 3xyz=3(1+xyz)\mathrm{e}^{xyz}.$$

*3. 平面矢量场的通量与散度

上面我们所讨论的,是空间矢量场的通量和散度.容易看出,二者的定义是不适用于平面矢量场的.但我们可用类似的方法来引入平面矢量场的通量和散度的概念.为此,我们将平面有向曲线 l 上任一点处的法矢量 $\boldsymbol{n}$ 的方向作这样规定:若将 $\boldsymbol{n}$ 按逆时针方向旋转 90°,它便与该点处的切向矢量 $\boldsymbol{t}$ 共线且

同指向.换言之,$\boldsymbol{n}$ 与 $\boldsymbol{t}$ 的相互位置关系,正如 Ox 轴与 Oy 轴的关系一样,如图 2-17.

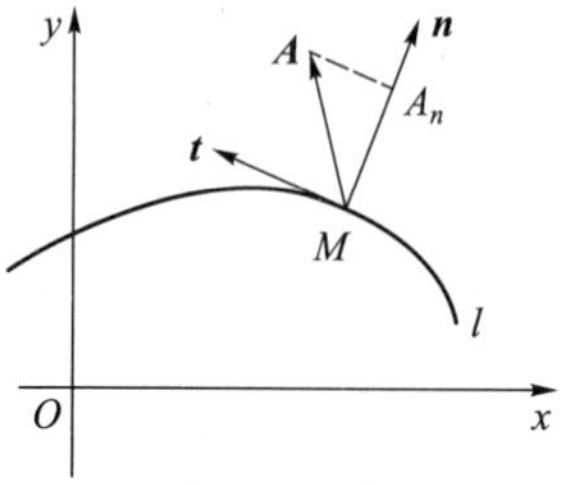

图 2-17

(1) 通量的定义

定义 3　设有平面矢量场 $\boldsymbol{A}(M)$,沿其中某一有向曲线 l 的曲线积分

$$\Phi = \int_l A_n \mathrm{d}l \tag{3.14}$$

叫做矢量场 $\boldsymbol{A}(M)$ 沿法矢量 $\boldsymbol{n}$ 的方向穿过曲线 l 的**通量**(图 2-17).

在直角坐标系中,设

$$\boldsymbol{A} = P(x,y)\boldsymbol{i} + Q(x,y)\boldsymbol{j}.$$

又曲线 l 的单位法矢量

$$\begin{aligned}\boldsymbol{n}^\circ &= \cos(\boldsymbol{n},x)\boldsymbol{i} + \cos(\boldsymbol{n},y)\boldsymbol{j} \\ &= \cos(\boldsymbol{t},y)\boldsymbol{i} + \cos(\boldsymbol{t},-x)\boldsymbol{j} \\ &= \frac{\mathrm{d}y}{\mathrm{d}l}\boldsymbol{i} - \frac{\mathrm{d}x}{\mathrm{d}l}\boldsymbol{j},\end{aligned}$$

则通量 Φ 可表示为

$$\begin{aligned}\Phi &= \int_l A_n \mathrm{d}l = \int_l \boldsymbol{A} \cdot \boldsymbol{n}^\circ \mathrm{d}l \\ &= \int_l P\mathrm{d}y - Q\mathrm{d}x.\end{aligned} \tag{3.15}$$

若 l 为封闭的平面曲线,按习惯总取其逆时针方向为其正方向.而且对于环绕 l 一周的曲线积分 $\oint_l$ 来说,在未指明其积分所沿的方向时,就表示积分是沿 l 的正方向进行.据此,我们有下面的定义.

(2) 散度的定义

定义 4　设有平面矢量场 $\boldsymbol{A}(M)$,于场中一点 M 的某个邻域内作一包含点 M 在内的任一闭曲线 Δl,设其所包围的平面区域为 $\Delta\sigma$,以 ΔS 表示其面积,以 $\Delta\Phi$ 表示从其内穿出 Δl 的通量.若当 $\Delta\sigma$ 以任意方式缩向点 M 时,比式

$$\frac{\Delta\Phi}{\Delta S} = \frac{\oint_{\Delta l} A_n \mathrm{d}l}{\Delta S}$$

之极限存在,则称此极限为矢量场 $\boldsymbol{A}(M)$ 在点 M 处的**散度**,即

$$\operatorname{div} \boldsymbol{A} = \lim_{\Delta\sigma \to M} \frac{\Delta\Phi}{\Delta S} = \lim_{\Delta\sigma \to M} \frac{\oint_{\Delta l} A_n \mathrm{d}l}{\Delta S}. \tag{3.16}$$

和空间情况类似,在这里引用格林(Green)公式

$$\oint_l -Q\mathrm{d}x + P\mathrm{d}y = \iint_D \left(\frac{\partial P}{\partial x} + \frac{\partial Q}{\partial y}\right) \mathrm{d}\sigma, \tag{3.17}$$

即可证明在直角坐标系中散度的表示式为

$$\operatorname{div} \boldsymbol{A} = \frac{\partial P}{\partial x} + \frac{\partial Q}{\partial y}. \tag{3.18}$$

由此,又可将格林公式写成如下的矢量形式

$$\oint_l A_n \mathrm{d}l = \iint_D \operatorname{div} \boldsymbol{A} \mathrm{d}\sigma. \tag{3.19}$$

可见,奥斯特罗格拉茨基公式乃平面格林公式在空间的推广.

此外,对于空间矢量场中通量与散度的物理意义,以及散度的性质和运算公式等,均相应地适合于平面矢量场,这里就不赘述了.

例 7　已知平面矢量场 $\boldsymbol{A}=(a^2-y^2)x\boldsymbol{i}-x^2y\boldsymbol{j}$,其中 a 为常数.

(1) 求场 $\boldsymbol{A}$ 穿出使 $\operatorname{div} \boldsymbol{A}=0$ 的等值线的通量;

(2) 求 $\operatorname{div} \boldsymbol{A}$ 在点 $M(2,-1)$ 处的方向导数的最大值.

解　(1) 因

$$\operatorname{div} \boldsymbol{A} = a^2 - y^2 - x^2.$$

使 $\operatorname{div} \boldsymbol{A}=0$ 的等值线为一圆周 l: $x^2+y^2=a^2$.场 $\boldsymbol{A}$ 穿出 l 的通量为

$$\begin{aligned}\Phi &= \oint_l A_n \mathrm{d}l = \oint_l -Q\mathrm{d}x + P\mathrm{d}y = \iint_D \operatorname{div} \boldsymbol{A} \mathrm{d}\sigma \\ &= \iint_D (a^2 - y^2 - x^2) \mathrm{d}\sigma.\end{aligned}$$

用极坐标计算,则

$$\Phi = \int_0^{2\pi} \mathrm{d}\theta \int_0^a (a^2 - r^2) r\mathrm{d}r = 2\pi \int_0^a (a^2 r - r^3) \mathrm{d}r = \frac{1}{2}\pi a^4.$$

(2) 因

$$\mathbf{grad}(\operatorname{div} \boldsymbol{A}) = -2(x\boldsymbol{i}+y\boldsymbol{j}),$$

于是 $\operatorname{div} \boldsymbol{A}$ 在点 $M(2,-1)$ 处的方向导数的最大值为

$$|\mathbf{grad}(\operatorname{div} \boldsymbol{A})|_M = |-2(2\boldsymbol{i}-\boldsymbol{j})| = 2\sqrt{5}.$$

习题 4

1. 设 S 为上半球面 $x^2+y^2+z^2=a^2(z\geqslant 0)$，求矢量场 $\boldsymbol{r}=x\boldsymbol{i}+y\boldsymbol{j}+z\boldsymbol{k}$ 向上穿过 S 的通量 Φ.

［提示：注意 S 的法矢量 $\boldsymbol{n}$ 与 $\boldsymbol{r}$ 同指向］.

2. 设 S 为曲面 $x^2+y^2=z\ (0\leqslant z\leqslant h)$，求流速场 $\boldsymbol{v}=(x+y+z)\boldsymbol{k}$ 在单位时间内向下侧穿过 S 的流量 Q.

3. 设 S 是锥面 $z=\sqrt{x^2+y^2}$ 在平面 $z=4$ 的下方部分，求矢量场 $\boldsymbol{A}=4xz\boldsymbol{i}+yz\boldsymbol{j}+3z\boldsymbol{k}$ 向下穿出 S 的通量 Φ.

4. 求下面矢量场 $\boldsymbol{A}$ 的散度：

(1) $\boldsymbol{A}=(x^3+yz)\boldsymbol{i}+(y^2+xz)\boldsymbol{j}+(z^3+xy)\boldsymbol{k}$；

(2) $\boldsymbol{A}=(2z-3y)\boldsymbol{i}+(3x-z)\boldsymbol{j}+(y-2x)\boldsymbol{k}$；

(3) $\boldsymbol{A}=(1+y\sin x)\boldsymbol{i}+(x\cos y+y)\boldsymbol{j}$.

5. 求 $\mathrm{div}\,\boldsymbol{A}$ 在给定点处的值：

(1) $\boldsymbol{A}=x^3\boldsymbol{i}+y^3\boldsymbol{j}+z^3\boldsymbol{k}$ 在点 $M(1,0,-1)$ 处；

(2) $\boldsymbol{A}=4x\boldsymbol{i}-2xy\boldsymbol{j}+z^2\boldsymbol{k}$ 在点 $M(1,1,3)$ 处；

(3) $\boldsymbol{A}=xyz\boldsymbol{r}(\boldsymbol{r}=x\boldsymbol{i}+y\boldsymbol{j}+z\boldsymbol{k})$ 在点 $M(1,3,2)$ 处.

6. 已知 $u=xy^2z^3$，$\boldsymbol{A}=x^2\boldsymbol{i}+xz\boldsymbol{j}-2yz\boldsymbol{k}$，求 $\mathrm{div}(u\boldsymbol{A})$.

7. 求矢量场 $\boldsymbol{A}$ 从内穿出所给闭曲面 S 的通量 Φ：

(1) $\boldsymbol{A}=x^3\boldsymbol{i}+y^3\boldsymbol{j}+z^3\boldsymbol{k}$，$S$ 为球面 $x^2+y^2+z^2=a^2$；

(2) $\boldsymbol{A}=(x-y+z)\boldsymbol{i}+(y-z+x)\boldsymbol{j}+(z-x+y)\boldsymbol{k}$，$S$ 为椭球面 $\dfrac{x^2}{a^2}+\dfrac{y^2}{b^2}+\dfrac{z^2}{c^2}=1$.

8. 设 $\boldsymbol{a}$ 为常矢，$\boldsymbol{r}=x\boldsymbol{i}+y\boldsymbol{j}+z\boldsymbol{k}$，$r=|\boldsymbol{r}|$，求：

(1) $\mathrm{div}(r\boldsymbol{a})$；　(2) $\mathrm{div}(r^2\boldsymbol{a})$；　(3) $\mathrm{div}(r^n\boldsymbol{a})$（$n$ 为整数）.

9. 求使 $\mathrm{div}\ r^n\boldsymbol{r}=0$ 的整数 n（$\boldsymbol{r}$ 与 r 同上题）.

10. 设有无穷长导线与 Oz 轴一致，通以电流 $I\boldsymbol{k}$ 后，在导线周围便产生磁场，其在点 $M(x,y,z)$ 处的磁场强度为

$$\boldsymbol{H}=\frac{I}{2\pi r^2}(-y\boldsymbol{i}+x\boldsymbol{j}),$$

其中 $r=\sqrt{x^2+y^2}$，求 $\mathrm{div}\,\boldsymbol{H}$.

11. 设 $\boldsymbol{r}=x\boldsymbol{i}+y\boldsymbol{j}+z\boldsymbol{k}$，$r=|\boldsymbol{r}|$，求：

(1) 使 $\mathrm{div}[f(r)\boldsymbol{r}]=0$ 的 $f(r)$;

(2) 使 $\mathrm{div}[\mathbf{grad}\,f(r)]=0$ 的 $f(r)$.

*12. 已知函数 u 沿封闭曲面 S 向外法线的方向导数为常数 C,Ω 为 S 所围的空间区域,A 为 S 的面积.证明

$$\iiint_{\Omega}\mathrm{div}(\mathbf{grad}\,u)\mathrm{d}V=CA.$$

第四节　矢量场的环量及旋度

1. 环量

设有力场 $\boldsymbol{F}(M)$,l 为场中的一条封闭的有向曲线,我们来求一个质点 M 在场力 $\boldsymbol{F}$ 的作用下,沿 l 正向运转一周时所做的功(此时,l 的切向矢量 $\boldsymbol{t}$ 按第三节开头的规定,就指向这里所取的 l 的正向).

如图 2-18,在 l 上取一弧元素 $\mathrm{d}l$,同时又以 $\mathrm{d}l$ 表示其长,则当质点运动经过 $\mathrm{d}l$ 时,场力 $\boldsymbol{F}$ 所做的功就近似地等于

$$\mathrm{d}W=F_t\mathrm{d}l.$$

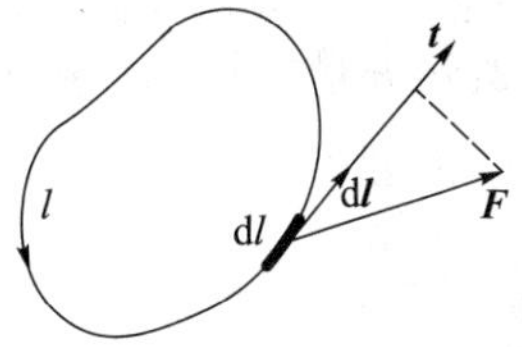

图 2-18

若以 $\boldsymbol{\tau}$ 表示 l 的单位切向矢量,则

$$F_t\mathrm{d}l=(\boldsymbol{F}\cdot\boldsymbol{\tau})\mathrm{d}l=\boldsymbol{F}\cdot(\boldsymbol{\tau}\mathrm{d}l),$$

由此又可写

$$\mathrm{d}W=\boldsymbol{F}\cdot\mathrm{d}\boldsymbol{l},\tag{4.1}$$

其中 $\mathrm{d}\boldsymbol{l}=\boldsymbol{\tau}\mathrm{d}l$ 叫做**曲线元矢量**,它是这样一个矢量,其方向与切向矢量 $\boldsymbol{t}$ 一致,其模等于弧长 $\mathrm{d}l$(图 2-18).

据此,当质点沿封闭曲线 l 运转一周时,场力 $\boldsymbol{F}$ 所做的功就可用曲线积分表示为

$$W=\oint_l F_t\mathrm{d}l=\oint_l\boldsymbol{F}\cdot\mathrm{d}\boldsymbol{l}.\tag{4.2}$$

这种形式的曲线积分,在其他矢量场中,也常常具有一定的物理意义.

例如在流速场 $\boldsymbol{v}(M)$ 中,积分

$$\oint_l\boldsymbol{v}\cdot\mathrm{d}\boldsymbol{l}\tag{4.3}$$

表示在单位时间内,沿闭路 l 正向流动的环流 Q_l.

又如在磁场强度 $\boldsymbol{H}(M)$ 所构成的磁场中，按安培（Ampère）环路定律，积分

$$\oint_l \boldsymbol{H}\cdot \mathrm{d}\boldsymbol{l} \tag{4.4}$$

表示沿与积分路线成右手螺旋法则的方向通过 l 上所张之曲面 S 的各电流强度 $I_1,I_2,\cdots,I_m$ 的代数和，即有

$$\oint_l \boldsymbol{H}\cdot \mathrm{d}\boldsymbol{l}=\sum_{k=1}^{m} I_k = I. \tag{4.5}$$

因此，数学上就把形如上述的一类曲线积分概括成为**环量**的概念，其定义如下.

(1) 环量的定义

定义 1　设有矢量场 $\boldsymbol{A}(M)$，则沿场中某一封闭的有向曲线 l 的曲线积分

$$\Gamma=\oint_l \boldsymbol{A}\cdot \mathrm{d}\boldsymbol{l} \tag{4.6}$$

叫做此矢量场按积分所取方向沿曲线 l 的**环量**.

在直角坐标系中，设

$$\boldsymbol{A}=P(x,y,z)\boldsymbol{i}+Q(x,y,z)\boldsymbol{j}+R(x,y,z)\boldsymbol{k},$$

又

$$\begin{aligned}\mathrm{d}\boldsymbol{l}&=\mathrm{d}l\cos(\boldsymbol{t},x)\boldsymbol{i}+\mathrm{d}l\cos(\boldsymbol{t},y)\boldsymbol{j}+\mathrm{d}l\cos(\boldsymbol{t},z)\boldsymbol{k}\\&=\mathrm{d}x\boldsymbol{i}+\mathrm{d}y\boldsymbol{j}+\mathrm{d}z\boldsymbol{k},\end{aligned}$$

其中 $\cos(\boldsymbol{t},x),\cos(\boldsymbol{t},y),\cos(\boldsymbol{t},z)$ 为 l 的切向矢量 $\boldsymbol{t}$ 的方向余弦，则环量可以写成

$$\Gamma=\oint_l \boldsymbol{A}\cdot \mathrm{d}\boldsymbol{l}=\oint_l P\mathrm{d}x+Q\mathrm{d}y+R\mathrm{d}z. \tag{4.7}$$

例 1　设有平面矢量场 $\boldsymbol{A}=-y\boldsymbol{i}+x\boldsymbol{j}$，$l$ 为场中的星形线 $x=R\cos^3\theta, y=R\sin^3\theta$（图 2-19）. 求此矢量场沿 l 正向的环量 Γ.

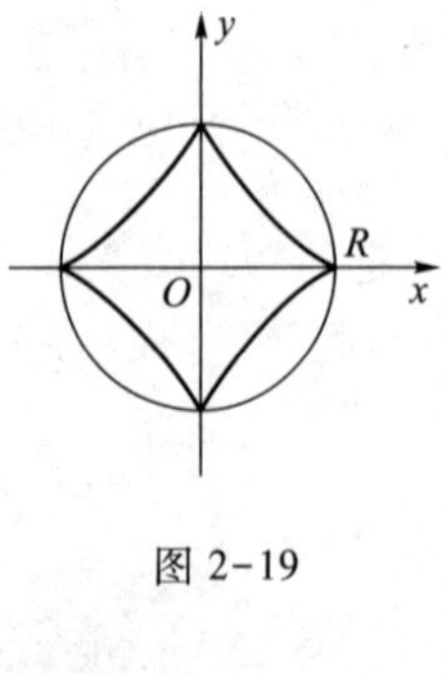

图 2-19

解　由于平面封闭曲线的正方向，在无特别申明时，即指保持所围区域的内部在左边时的前进方向. 因此，我们有

$$\begin{aligned}\Gamma&=\oint_l \boldsymbol{A}\cdot \mathrm{d}\boldsymbol{l}=\oint_l -y\mathrm{d}x+x\mathrm{d}y\\&=\int_0^{2\pi}-R\sin^3\theta\mathrm{d}(R\cos^3\theta)+R\cos^3\theta\mathrm{d}(R\sin^3\theta)\end{aligned}$$

$$= \int_0^{2\pi} (3R^2\sin^4\theta\cos^2\theta + 3R^2\sin^2\theta\cos^4\theta)\,\mathrm{d}\theta$$

$$= 3R^2 \int_0^{2\pi} \sin^2\theta\cos^2\theta\,\mathrm{d}\theta$$

$$= \frac{3}{4}R^2 \int_0^{2\pi} \sin^2 2\theta\,\mathrm{d}\theta$$

$$= \frac{3}{8}R^2 \int_0^{2\pi} (1 - \cos 4\theta)\,\mathrm{d}\theta = \frac{3}{4}\pi R^2.$$

根据环量的定义，由(4.5)式可知，磁场 $\boldsymbol{H}$ 的环量，为通过磁场中以 l 为边界的一块曲面 S 的总的电流强度.显然，仅此还不能了解磁场中任一点 M 处通向任一方向 $\boldsymbol{n}$ 的**电流密度**(即在点 M 处沿 $\boldsymbol{n}$ 的方向，通过与 $\boldsymbol{n}$ 垂直的单位面积的电流强度).为了研究这一类问题，我们引入环量面密度的概念.

(2) 环量面密度

定义 2　设 M 为矢量场 $\boldsymbol{A}$ 中的一点，在点 M 处取定一个方向 $\boldsymbol{n}$，再过点 M 任作一微小曲面 ΔS，以 $\boldsymbol{n}$ 为其在点 M 处的法矢量，对此曲面，我们同时又以 ΔS 表示其面积，其周界 Δl 之正向取作与 $\boldsymbol{n}$ 构成右手螺旋关系，如图 2-20，则矢量场沿 Δl 之正向的环量 $\Delta\Gamma$ 与面积 ΔS 之比，当曲面 ΔS 在保持点 M 于其上的条件下，沿着自身缩向点 M 时，若 $\dfrac{\Delta\Gamma}{\Delta S}$ 的极限存在，则称其为矢量场 $\boldsymbol{A}$ 在点 M 处沿方向 $\boldsymbol{n}$ 的**环量面密度**(就是环量对面积的变化率)，记作 μ_n，即

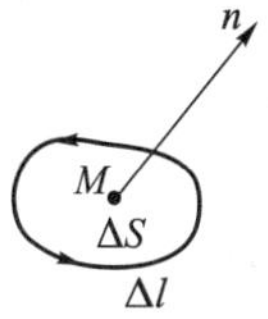

图 2-20

$$\mu_n = \lim_{\Delta S \to M} \frac{\Delta\Gamma}{\Delta S} = \lim_{\Delta S \to M} \frac{\oint_{\Delta l} \boldsymbol{A} \cdot \mathrm{d}\boldsymbol{l}}{\Delta S}. \tag{4.8}$$

例如：在磁场强度 $\boldsymbol{H}$ 所构成的磁场中的一点 M 处，沿方向 $\boldsymbol{n}$ 的环量面密度，由(4.5)式为

$$\mu_n = \lim_{\Delta S \to M} \frac{\oint_{\Delta l} \boldsymbol{H} \cdot \mathrm{d}\boldsymbol{l}}{\Delta S} = \lim_{\Delta S \to M} \frac{\Delta I}{\Delta S} = \frac{\mathrm{d}I}{\mathrm{d}S}, \tag{4.9}$$

就是在点 M 处沿方向 $\boldsymbol{n}$ 的电流密度.

又在流速场 $\boldsymbol{v}$ 中的一点 M 处，沿方向 $\boldsymbol{n}$ 的环量面密度，由(4.3)式为

$$\mu_n = \lim_{\Delta S \to M} \frac{\oint_{\Delta l} \boldsymbol{v} \cdot \mathrm{d}\boldsymbol{l}}{\Delta S} = \lim_{\Delta S \to M} \frac{\Delta Q_t}{\Delta S} = \frac{\mathrm{d}Q_t}{\mathrm{d}S}, \tag{4.10}$$

即为在点 M 处与 $\boldsymbol{n}$ 成右手螺旋方向的环流对面积的变化率,称为**环流密度**(或**环流强度**).

(3) 环量面密度的计算公式

在直角坐标系中,设

$$\boldsymbol{A} = P(x,y,z)\boldsymbol{i} + Q(x,y,z)\boldsymbol{j} + R(x,y,z)\boldsymbol{k},$$

则由斯托克斯(G.G.Stokes)公式,有

$$\begin{aligned}
\Delta\Gamma &= \oint_{\Delta l} \boldsymbol{A} \cdot \mathrm{d}\boldsymbol{l} = \oint_{\Delta l} P\mathrm{d}x + Q\mathrm{d}y + R\mathrm{d}z \\
&= \iint_{\Delta S} \left(\frac{\partial R}{\partial y} - \frac{\partial Q}{\partial z}\right) \mathrm{d}y\mathrm{d}z + \left(\frac{\partial P}{\partial z} - \frac{\partial R}{\partial x}\right) \mathrm{d}x\mathrm{d}z + \left(\frac{\partial Q}{\partial x} - \frac{\partial P}{\partial y}\right) \mathrm{d}x\mathrm{d}y \\
&= \iint_{\Delta S} \left[\left(\frac{\partial R}{\partial y} - \frac{\partial Q}{\partial z}\right) \cos(\boldsymbol{n},x) + \left(\frac{\partial P}{\partial z} - \frac{\partial R}{\partial x}\right) \cos(\boldsymbol{n},y) + \right. \\
&\qquad \left. \left(\frac{\partial Q}{\partial x} - \frac{\partial P}{\partial y}\right) \cos(\boldsymbol{n},z)\right] \mathrm{d}S,
\end{aligned}$$

再按中值定理有

$$\begin{aligned}
\Delta\Gamma = &\left[\left(\frac{\partial R}{\partial y} - \frac{\partial Q}{\partial z}\right) \cos(\boldsymbol{n},x) + \left(\frac{\partial P}{\partial z} - \frac{\partial R}{\partial x}\right) \cos(\boldsymbol{n},y) + \right. \\
&\left. \left(\frac{\partial Q}{\partial x} - \frac{\partial P}{\partial y}\right) \cos(\boldsymbol{n},z)\right]_{M^*} \Delta S,
\end{aligned}$$

其中 M^* 为 ΔS 上的某一点,当 $\Delta S \to M$ 时,有 $M^* \to M$,于是

$$\begin{aligned}
\mu_n &= \lim_{\Delta S \to M} \frac{\Delta\Gamma}{\Delta S} \\
&= \left(\frac{\partial R}{\partial y} - \frac{\partial Q}{\partial z}\right) \cos\alpha + \left(\frac{\partial P}{\partial z} - \frac{\partial R}{\partial x}\right) \cos\beta + \left(\frac{\partial Q}{\partial x} - \frac{\partial P}{\partial y}\right) \cos\gamma,
\end{aligned} \tag{4.11}$$

其中 $\cos\alpha, \cos\beta, \cos\gamma$ 为 ΔS 在点 M 处的法矢量 $\boldsymbol{n}$ 的方向余弦.这就是环量面密度在直角坐标下的计算公式.

例 2 求矢量场 $\boldsymbol{A} = xz^3\boldsymbol{i} - 2x^2yz\boldsymbol{j} + 2yz^4\boldsymbol{k}$ 在点 $M(1,-2,1)$ 处沿矢量 $\boldsymbol{n} = 6\boldsymbol{i} + 2\boldsymbol{j} + 3\boldsymbol{k}$ 方向的环量面密度.

解　矢量 $\boldsymbol{n}$ 的方向余弦为

$$\cos\alpha=\frac{6}{7},\ \cos\beta=\frac{2}{7},\ \cos\gamma=\frac{3}{7},$$

故在点 M 处沿 $\boldsymbol{n}$ 方向的环量面密度为

$$\begin{aligned}\mu_n\Big|_M&=\left[\left(\frac{\partial R}{\partial y}-\frac{\partial Q}{\partial z}\right)\cos\alpha+\left(\frac{\partial P}{\partial z}-\frac{\partial R}{\partial x}\right)\cos\beta+\left(\frac{\partial Q}{\partial x}-\frac{\partial P}{\partial y}\right)\cos\gamma\right]_M\\&=\left[(2z^4+2x^2y)\frac{6}{7}+(3xz^2-0)\frac{2}{7}+(-4xyz-0)\frac{3}{7}\right]_M\\&=-2\times\frac{6}{7}+3\times\frac{2}{7}+8\times\frac{3}{7}=\frac{18}{7}.\end{aligned}$$

2. 旋度

从上面我们看到，环量面密度是一个和方向有关的概念，正如数量场中的方向导数与方向有关一样.然而在数量场中，我们找出了一个梯度矢量，在给定点处，它的方向表示出了最大方向导数的方向，其模即为最大方向导数的数值，而且它在任一方向上的投影，就是该方向上的方向导数.这一事实，自然给我们一种启示，就是希望也能找到这样一种矢量，它与环量面密度的关系，正如梯度与方向导数之间的关系一样.

为此，我们来看环量面密度的计算公式(4.11).容易看出，它和方向导数计算公式(2.2)很类似.若把其中的三个数$\left(\frac{\partial R}{\partial y}-\frac{\partial Q}{\partial z}\right)$，$\left(\frac{\partial P}{\partial z}-\frac{\partial R}{\partial x}\right)$，$\left(\frac{\partial Q}{\partial x}-\frac{\partial P}{\partial y}\right)$视为一个矢量 $\boldsymbol{R}$ 的三个坐标，即取

$$\boldsymbol{R}=\left(\frac{\partial R}{\partial y}-\frac{\partial Q}{\partial z}\right)\boldsymbol{i}+\left(\frac{\partial P}{\partial z}-\frac{\partial R}{\partial x}\right)\boldsymbol{j}+\left(\frac{\partial Q}{\partial x}-\frac{\partial P}{\partial y}\right)\boldsymbol{k},\tag{4.12}$$

注意到 $\boldsymbol{R}$ 在给定点处为一固定矢量，则(4.11)式可以写为

$$\mu_n=\boldsymbol{R}\cdot\boldsymbol{n}^\circ=|\boldsymbol{R}|\cos(\boldsymbol{R},\boldsymbol{n}^\circ),\tag{4.13}$$

其中 $\boldsymbol{n}^\circ=\cos\alpha\boldsymbol{i}+\cos\beta\boldsymbol{j}+\cos\gamma\boldsymbol{k}$ 为方向 $\boldsymbol{n}$ 上的单位矢量.

上式表明，在给定点处，$\boldsymbol{R}$ 在任一方向 $\boldsymbol{n}$ 上的投影，就给出该方向上的环量面密度.从而可知，$\boldsymbol{R}$ 的方向为环量面密度最大的方向，其模即为最大环量面密度的数值.这说明矢量 $\boldsymbol{R}$ 完全符合上面我们所希望找到的那种矢量，我们把它叫做矢量场 $\boldsymbol{A}$ 的**旋度**，其一般定义如下.

(1) 旋度的定义

定义 3　若在矢量场 $\boldsymbol{A}$ 中的一点 M 处存在这样的一个矢量 $\boldsymbol{R}$，矢量场 $\boldsymbol{A}$

在点 M 处沿其方向的环量面密度为最大,这个最大的数值正好就是 $|\boldsymbol{R}|$,则称矢量 $\boldsymbol{R}$ 为矢量场 $\boldsymbol{A}$ 在点 M 处的**旋度**,记作 $\mathbf{rot}\,\boldsymbol{A}$,即

$$\mathbf{rot}\,\boldsymbol{A}=\boldsymbol{R}.$$

简言之,旋度矢量在数值和方向上表示出了最大的环量面密度.

旋度的上述定义是与坐标系无关的.上面(4.12)式中的矢量 $\boldsymbol{R}$,是它在直角坐标系中的表示式.就是说,在直角坐标系中有

$$\mathbf{rot}\,\boldsymbol{A}=\left(\frac{\partial R}{\partial y}-\frac{\partial Q}{\partial z}\right)\boldsymbol{i}+\left(\frac{\partial P}{\partial z}-\frac{\partial R}{\partial x}\right)\boldsymbol{j}+\left(\frac{\partial Q}{\partial x}-\frac{\partial P}{\partial y}\right)\boldsymbol{k},\tag{4.14}$$

或

$$\mathbf{rot}\,\boldsymbol{A}=\begin{vmatrix}\boldsymbol{i} & \boldsymbol{j} & \boldsymbol{k}\\ \dfrac{\partial}{\partial x} & \dfrac{\partial}{\partial y} & \dfrac{\partial}{\partial z}\\ P & Q & R\end{vmatrix}.\tag{4.15}$$

从(4.13)式,我们知道旋度的一个重要性质,就是:旋度矢量在任一方向上的投影就等于该方向上的环量面密度,即有

$$\mathbf{rot}_n\boldsymbol{A}=\mu_n.\tag{4.16}$$

例如在磁场 $\boldsymbol{H}$ 中,旋度 $\mathbf{rot}\,\boldsymbol{H}$ 是这样一个矢量,在给定点处,它的方向乃是最大电流密度的方向,其模即为最大电流密度的数值,而且它在任一方向上的投影,就给出该方向上的电流密度.在电学上称 $\mathbf{rot}\,\boldsymbol{H}$ 为**电流密度矢量**.

同样,在流速场 $\boldsymbol{v}$ 中,旋度 $\mathbf{rot}\,\boldsymbol{v}$ 在给定点处,它的方向乃是最大环流密度的方向,其模即为最大环流密度的数值,而且它在任一方向上的投影,就给出该方向上的环流密度.

通常把矢量场 $\boldsymbol{A}$ 中每一点的旋度与场中之点一一对应起来而得到的一个矢量场,叫做由场矢量 $\boldsymbol{A}$ 所产生的**旋度场**.

此外,由(4.14)式,可将斯托克斯公式写成如下的矢量形式:

$$\oint_l \boldsymbol{A}\cdot \mathrm{d}\boldsymbol{l}=\iint_S(\mathbf{rot}\,\boldsymbol{A})\cdot \mathrm{d}\boldsymbol{S}.\tag{4.17}$$

例 3　求矢量场 $\boldsymbol{A}=xy^2z^2\boldsymbol{i}+z^2\sin y\boldsymbol{j}+x^2\mathrm{e}^y\boldsymbol{k}$ 的旋度.

解

$$\mathbf{rot}\,\boldsymbol{A}=\begin{vmatrix}\boldsymbol{i} & \boldsymbol{j} & \boldsymbol{k}\\ \dfrac{\partial}{\partial x} & \dfrac{\partial}{\partial y} & \dfrac{\partial}{\partial z}\\ xy^2z^2 & z^2\sin y & x^2\mathrm{e}^y\end{vmatrix}$$

$$= \left[\frac{\partial}{\partial y}(x^2 e^y) - \frac{\partial}{\partial z}(z^2 \sin y)\right] \boldsymbol{i} + \left[\frac{\partial}{\partial z}(xy^2 z^2) - \frac{\partial}{\partial x}(x^2 e^y)\right] \boldsymbol{j} +$$

$$\left[\frac{\partial}{\partial x}(z^2 \sin y) - \frac{\partial}{\partial y}(xy^2 z^2)\right] \boldsymbol{k}$$

$$= (x^2 e^y - 2z\sin y)\boldsymbol{i} + 2x(y^2 z - e^y)\boldsymbol{j} - 2xyz^2 \boldsymbol{k}.$$

在计算矢量场 $\boldsymbol{A}=P\boldsymbol{i}+Q\boldsymbol{j}+R\boldsymbol{k}$ 的散度和旋度时，还可以用这样的方法：求出函数 P,Q,R 对 x,y,z 的各偏导数，列成如下形式：

$$D\boldsymbol{A} = \begin{pmatrix} \dfrac{\partial P}{\partial x} & \dfrac{\partial P}{\partial y} & \dfrac{\partial P}{\partial z} \\ \dfrac{\partial Q}{\partial x} & \dfrac{\partial Q}{\partial y} & \dfrac{\partial Q}{\partial z} \\ \dfrac{\partial R}{\partial x} & \dfrac{\partial R}{\partial y} & \dfrac{\partial R}{\partial z} \end{pmatrix}, \tag{4.18}$$

叫做矢量场 $\boldsymbol{A}$ 的雅可比(Jacobi)矩阵，等号左端的 $D\boldsymbol{A}$ 是其记号.将此矩阵与散度计算公式

$$\mathrm{div}\,\boldsymbol{A} = \frac{\partial P}{\partial x} + \frac{\partial Q}{\partial y} + \frac{\partial R}{\partial z}$$

和旋度计算公式

$$\mathbf{rot}\,\boldsymbol{A} = \left(\frac{\partial R}{\partial y} - \frac{\partial Q}{\partial z}\right)\boldsymbol{i} + \left(\frac{\partial P}{\partial z} - \frac{\partial R}{\partial x}\right)\boldsymbol{j} + \left(\frac{\partial Q}{\partial x} - \frac{\partial P}{\partial y}\right)\boldsymbol{k}$$

比照，就可以看出：在 $D\boldsymbol{A}$ 中主对角线上的三个偏导数之和就构成散度 $\mathrm{div}\,\boldsymbol{A}$；其余六个偏导数正好就是旋度 $\mathbf{rot}\,\boldsymbol{A}$ 的公式中所需要的.如果将这六个偏导数在旋度公式中出现的先后顺序和它们在 $D\boldsymbol{A}$ 中所对应的位置顺序认清楚，就能方便地由 $D\boldsymbol{A}$ 直接写出 $\mathbf{rot}\,\boldsymbol{A}$ 来.

比如，在例 3 的矢量场 $\boldsymbol{A}$ 中，其雅可比矩阵为

$$D\boldsymbol{A} = \begin{pmatrix} y^2 z^2 & 2xyz^2 & 2xy^2 z \\ 0 & z^2 \cos y & 2z\sin y \\ 2xe^y & x^2 e^y & 0 \end{pmatrix},$$

由此立得

$$\mathrm{div}\,\boldsymbol{A} = y^2 z^2 + z^2 \cos y + 0 = z^2(y^2 + \cos y),$$

$$\mathbf{rot}\,\boldsymbol{A} = (x^2 e^y - 2z\sin y)\boldsymbol{i} + 2x(y^2 z - e^y)\boldsymbol{j} + (0 - 2xyz^2)\boldsymbol{k}.$$

这与例 3 之结果相同.

例 4　设一刚体绕过原点 O 的某个轴 l 转动，其角速度为 $\boldsymbol{\omega}=\omega_1\boldsymbol{i}+\omega_2\boldsymbol{j}+\omega_3\boldsymbol{k}$，则刚体上的每一点处都具有线速度 $\boldsymbol{v}$，从而构成一个线速度场．由运动学知道，矢径为 $\boldsymbol{r}=x\boldsymbol{i}+y\boldsymbol{j}+z\boldsymbol{k}$ 的点 M 的线速度为

$$\begin{aligned}\boldsymbol{v}&=\boldsymbol{\omega}\times\boldsymbol{r}\\&=(\omega_2 z-\omega_3 y)\boldsymbol{i}+(\omega_3 x-\omega_1 z)\boldsymbol{j}+\\&\quad(\omega_1 y-\omega_2 x)\boldsymbol{k},\end{aligned}$$

如图 2-21，求线速度场 $\boldsymbol{v}$ 的旋度．

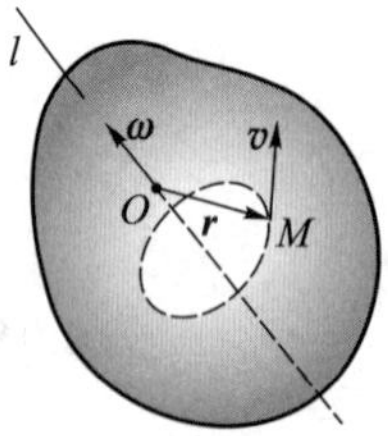

图 2-21

解　由速度场 $\boldsymbol{v}$ 的雅可比矩阵

$$D\boldsymbol{v}=\begin{pmatrix}0&-\omega_3&\omega_2\\\omega_3&0&-\omega_1\\-\omega_2&\omega_1&0\end{pmatrix}$$

得

$$\textbf{rot}\ \boldsymbol{v}=2\omega_1\boldsymbol{i}+2\omega_2\boldsymbol{j}+2\omega_3\boldsymbol{k}=2\boldsymbol{\omega}.$$

这说明：在刚体转动的线速度场中，任一点 M 处的旋度，除去一个常数因子外，恰恰等于刚体转动的角速度（旋度因而得名）．

例 5　设矢量场 $\boldsymbol{A}=y^2z^2\boldsymbol{i}+z^2x^2\boldsymbol{j}+x^2y^2\boldsymbol{k}$，证明

$$\boldsymbol{A}\cdot\textbf{rot}\ \boldsymbol{A}=0.$$

证　由

$$D\boldsymbol{A}=\begin{pmatrix}0&2yz^2&2zy^2\\2xz^2&0&2zx^2\\2xy^2&2yx^2&0\end{pmatrix}$$

得

$$\textbf{rot}\ \boldsymbol{A}=2(y-z)x^2\boldsymbol{i}+2(z-x)y^2\boldsymbol{j}+2(x-y)z^2\boldsymbol{k},$$

于是有

$$\boldsymbol{A}\cdot\textbf{rot}\ \boldsymbol{A}=2x^2y^2z^2(y-z+z-x+x-y)=0.$$

此结果说明：在这个矢量场中，有 $\boldsymbol{A}\perp\textbf{rot}\ \boldsymbol{A}$，这表明场 $\boldsymbol{A}$ 的矢量线族与场 $\textbf{rot}\ \boldsymbol{A}$ 的矢量线族是互相正交的．

（2）旋度运算的基本公式

1）$\textbf{rot}\ (c\boldsymbol{A})=c\,\textbf{rot}\ \boldsymbol{A}$（$c$ 为常数），

2）$\textbf{rot}\ (\boldsymbol{A}\pm\boldsymbol{B})=\textbf{rot}\ \boldsymbol{A}\pm\textbf{rot}\ \boldsymbol{B}$，

3）$\textbf{rot}\ (u\boldsymbol{A})=u\,\textbf{rot}\ \boldsymbol{A}+\textbf{grad}\ u\times\boldsymbol{A}$（$u$ 为数性函数），

4) $\text{div}(\boldsymbol{A}\times\boldsymbol{B})=\boldsymbol{B}\cdot\textbf{rot}\,\boldsymbol{A}-\boldsymbol{A}\cdot\textbf{rot}\,\boldsymbol{B}$,

5) $\textbf{rot}(\textbf{grad}\,u)=\boldsymbol{0}$,

6) $\text{div}(\textbf{rot}\,\boldsymbol{A})=0$.

通常把 $\textbf{rot}\,\boldsymbol{A}\equiv\boldsymbol{0}$ 的矢量场 $\boldsymbol{A}$ 叫做**无旋场**.公式 5)说明任何梯度场都是无旋场,公式 6)说明任何旋度场都是无源场.此二性质可以简单地说成:梯度场无旋,旋度场无源.

此外,公式 4)还说明,若 $\boldsymbol{A}$ 与 $\boldsymbol{B}$ 都是无旋场,则 $\boldsymbol{A}\times\boldsymbol{B}$ 乃无源场.

例 6　证明矢量场 $\boldsymbol{A}=u\,\textbf{grad}\,u$ 是无旋场.

证　由公式 3)

$$\textbf{rot}\,\boldsymbol{A}=\textbf{rot}(u\,\textbf{grad}\,u)=u\,\textbf{rot}(\textbf{grad}\,u)+\textbf{grad}\,u\times\textbf{grad}\,u,$$

由公式 5),$\textbf{rot}(\textbf{grad}\,u)=\boldsymbol{0}$,又 $\textbf{grad}\,u\times\textbf{grad}\,u=\boldsymbol{0}$,故有

$$\textbf{rot}\,\boldsymbol{A}=\boldsymbol{0},$$

所以 $\boldsymbol{A}$ 为无旋场.

习题 5

1. 求一质点在力场 $\boldsymbol{F}=-y\boldsymbol{i}-z\boldsymbol{j}+x\boldsymbol{k}$ 的作用下沿闭曲线 l: $x=a\cos t$, $y=a\sin t$, $z=a(1-\cos t)$ 从 $t=0$ 到 $t=2\pi$ 运动一周时所做的功.

2. 求矢量场 $\boldsymbol{A}=-y\boldsymbol{i}+x\boldsymbol{j}+c\boldsymbol{k}$ (c 为常数)沿下列曲线的环量:

(1) 圆周 $x^2+y^2=R^2, z=0$;

(2) 圆周 $(x-2)^2+y^2=R^2, z=0$,

此二曲线之方向都是从 z 轴正向一侧向曲线看去,沿逆时针方向.

3. 用以下两种方法求矢量场 $\boldsymbol{A}=x(z-y)\boldsymbol{i}+y(x-z)\boldsymbol{j}+z(y-x)\boldsymbol{k}$ 在点 $M(1,2,3)$ 处沿方向 $\boldsymbol{n}=\boldsymbol{i}+2\boldsymbol{j}+2\boldsymbol{k}$ 的环量面密度:

(1) 直接应用环量面密度的计算公式;

(2) 将环量面密度作为旋度在该方向上的投影.

4. 用雅可比矩阵求下列矢量场的散度和旋度:

(1) $\boldsymbol{A}=(3x^2y+z)\boldsymbol{i}+(y^3-xz^2)\boldsymbol{j}+2xyz\boldsymbol{k}$;

(2) $\boldsymbol{A}=yz^2\boldsymbol{i}+zx^2\boldsymbol{j}+xy^2\boldsymbol{k}$;

(3) $\boldsymbol{A}=P(x)\boldsymbol{i}+Q(y)\boldsymbol{j}+R(z)\boldsymbol{k}$.

5. 已知 $u=\mathrm{e}^{xyz}$, $\boldsymbol{A}=z^2\boldsymbol{i}+x^2\boldsymbol{j}+y^2\boldsymbol{k}$,求 $\textbf{rot}\,(u\boldsymbol{A})$.

6. 已知 $\boldsymbol{A}=3y\boldsymbol{i}+2z^2\boldsymbol{j}+xy\boldsymbol{k}$, $\boldsymbol{B}=x^2\boldsymbol{i}-4\boldsymbol{k}$,求 $\textbf{rot}(\boldsymbol{A}\times\boldsymbol{B})$.

7. 已知 $\boldsymbol{r}=x\boldsymbol{i}+y\boldsymbol{j}+z\boldsymbol{k}$, $\boldsymbol{C}$ 为常矢,证明

$$\mathrm{div}(\boldsymbol{C}\times\boldsymbol{r})=0 \quad 及 \quad \mathbf{rot}(\boldsymbol{C}\times\boldsymbol{r})=2\boldsymbol{C}.$$

8. 设 $\boldsymbol{r}=x\boldsymbol{i}+y\boldsymbol{j}+z\boldsymbol{k}$，$r=|\boldsymbol{r}|$，$\boldsymbol{C}$ 为常矢.求

(1) $\mathbf{rot}\,\boldsymbol{r}$； (2) $\mathbf{rot}[f(r)\boldsymbol{r}]$；

(3) $\mathbf{rot}[f(r)\boldsymbol{C}]$； (4) $\mathrm{div}[\boldsymbol{r}\times f(r)\boldsymbol{C}]$.

9. 设有点电荷 q 位于坐标原点，试证其所产生的电场中电位移矢量 $\boldsymbol{D}$ 的旋度为零.

10. 设函数 $u(x,y,z)$ 及矢量 $\boldsymbol{A}=P(x,y,z)\boldsymbol{i}+Q(x,y,z)\boldsymbol{j}+R(x,y,z)\boldsymbol{k}$ 的三个坐标函数都具有二阶连续偏导数，证明：

(1) $\mathbf{rot}(\mathbf{grad}\,u)=\mathbf{0}$； (2) $\mathrm{div}(\mathbf{rot}\,\boldsymbol{A})=0$.

*11. 设矢量场 $\boldsymbol{A}$ 的旋度 $\mathbf{rot}\,\boldsymbol{A}\neq\mathbf{0}$，若存在非零函数 $\mu(x,y,z)$ 使 $\mu\boldsymbol{A}$ 为某数量场 $\varphi(x,y,z)$ 的梯度，即 $\mu\boldsymbol{A}=\mathbf{grad}\,\varphi$.试证明

$$\boldsymbol{A}\perp\mathbf{rot}\,\boldsymbol{A}.$$

*12. 设矢量 $\boldsymbol{A}=A_1\boldsymbol{i}+A_2\boldsymbol{j}+A_3\boldsymbol{k}$，$\boldsymbol{B}=B_1\boldsymbol{i}+B_2\boldsymbol{j}+B_3\boldsymbol{k}$，其中 A_1,A_2,A_3 与 B_1,B_2,B_3 都是 x,y,z 的具有一阶连续偏导数的函数，证明

$$\mathrm{div}(\boldsymbol{A}\times\boldsymbol{B})=\boldsymbol{B}\cdot\mathbf{rot}\,\boldsymbol{A}-\boldsymbol{A}\cdot\mathbf{rot}\,\boldsymbol{B}.$$

第五节 几种重要的矢量场

场论中有几种重要的矢量场，即有势场、管形场、调和场.下面我们将分别介绍它们.在此之前，须先说明一下在三维空间里单连域与复连域的概念：

(1) 如果在一个空间区域 G 内的任何一条简单闭曲线 l，都可以作出一个以 l 为边界且全部位于区域 G 内的曲面 S，则称此区域 G 为**线单连域**；否则，称为**线复连域**.例如空心球体是线单连域，而环面体则为线复连域，如图 2-22.

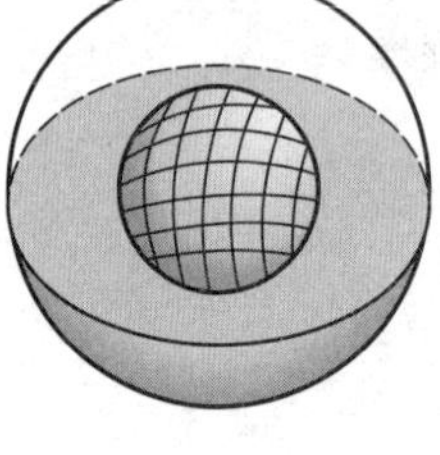

空心球体

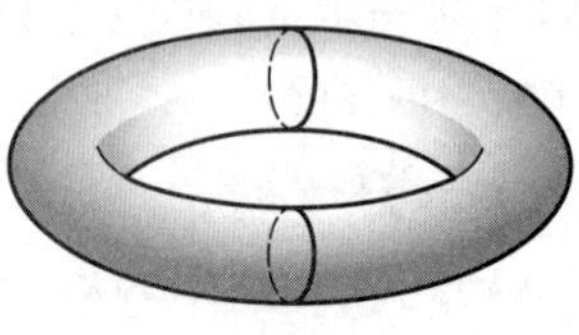

环面体

图 2-22

(2) 如果在一个空间区域 G 内的任一简单闭曲面 S 所包围的全部点都在区域 G 内(即 S 内没有洞),则称此区域 G 为**面单连域**;否则,称为**面复连域**.例如环面体是面单连域,而空心球体则为面复连域,如图 2-22.

显然,有许多空间区域既是线单连域,同时又是面单连域.例如实心的球体、椭球体、圆柱体、平行六面体等,都既是线单连域,同时又是面单连域.

1. 有势场

定义 1　设有矢量场 $\boldsymbol{A}(M)$,若存在单值函数 $u(M)$ 满足

$$\boldsymbol{A} = \mathbf{grad}\, u, \tag{5.1}$$

则称此矢量场为**有势场**.令 $v=-u$,并称 v 为这个场的**势函数**.

易见矢量 $\boldsymbol{A}$ 与势函数 v 之间的关系是

$$\boldsymbol{A} = -\,\mathbf{grad}\, v. \tag{5.2}$$

由此定义可以看出:

(1) 有势场是一个梯度场;

(2) 有势场的势函数有无穷多个,它们之间只相差一个常数.

因为,若 $\boldsymbol{A}(M)$ 为有势场,按定义就存在势函数 v,它满足

$$\boldsymbol{A} = -\,\mathbf{grad}\, v,$$

由梯度的运算法则有

$$-\,\mathbf{grad}(v+C) = -\,\mathbf{grad}\, v = \boldsymbol{A}\ (C\text{ 为任意常数}),$$

即 $v+C$ 亦为有势场 $\boldsymbol{A}(M)$ 的势函数.由于 C 为任意常数,故知有势场 $\boldsymbol{A}(M)$ 的势函数有无穷多个.

又若 v_1 和 v_2 均为矢量场 $\boldsymbol{A}(M)$ 的势函数,则有

$$\mathbf{grad}\, v_1 = \mathbf{grad}\, v_2,$$

或

$$\mathbf{grad}(v_1 - v_2) = \mathbf{0},$$

于是由习题 3 之第 11 题有

$$v_1 - v_2 = C\ (C\text{ 为常数}),$$

即

$$v_1 = v_2 + C.$$

所以,有势场的任何两个势函数之间只相差一个常数.

由此,若已知有势场 $\boldsymbol{A}(M)$ 的一个势函数 $v(M)$,则场的所有势函数的全体可表示为

$$v(M) + C\ (C\text{ 为任意常数}). \tag{5.3}$$

然而是否任何矢量场都为有势场呢？我们有下面的定理.

定理 1 在线单连域内矢量场 $\boldsymbol{A}$ 为有势场的充要条件是 $\boldsymbol{A}$ 为无旋场.

证 必要性 设 $\boldsymbol{A}=P(x,y,z)\boldsymbol{i}+Q(x,y,z)\boldsymbol{j}+R(x,y,z)\boldsymbol{k}$，如果 $\boldsymbol{A}$ 为有势场，则存在函数 $u(x,y,z)$，它满足 $\boldsymbol{A}=\mathbf{grad}\ u$，即有

$$P=\frac{\partial u}{\partial x},\quad Q=\frac{\partial u}{\partial y},\quad R=\frac{\partial u}{\partial z}.$$

根据本章第一节第 3 段的假定：函数 P,Q,R 具有一阶连续偏导数.从而，由上式知函数 u 具有二阶连续偏导数.因此有

$$\frac{\partial R}{\partial y}-\frac{\partial Q}{\partial z}=0,\quad \frac{\partial P}{\partial z}-\frac{\partial R}{\partial x}=0,\quad \frac{\partial Q}{\partial x}-\frac{\partial P}{\partial y}=0.$$

所以在场内处处有

$$\mathbf{rot}\ \boldsymbol{A}=\mathbf{0}.$$

充分性 设在场中处处有 $\mathbf{rot}\ \boldsymbol{A}=\mathbf{0}$，又因场所在的区域是线单连域，则由斯托克斯公式

$$\oint_l \boldsymbol{A}\cdot \mathrm{d}\boldsymbol{l}=\iint_S(\mathbf{rot}\ \boldsymbol{A})\cdot \mathrm{d}\boldsymbol{S}.$$

可知，对于场中的任何封闭曲线 l 都有

$$\oint_l \boldsymbol{A}\cdot \mathrm{d}\boldsymbol{l}=0.$$

这个事实等价于曲线积分 $\int_{\overset{\frown}{M_0M}}\boldsymbol{A}\cdot \mathrm{d}\boldsymbol{l}$ 与路径无关，其积分之值只取决于积分的起点 $M_0(x_0,y_0,z_0)$ 与终点 $M(x,y,z)$.当起点 M_0 固定时，它就是其终点 M 的函数，将这个函数记作 $u(x,y,z)$，即

$$u(x,y,z)=\int_{(x_0,y_0,z_0)}^{(x,y,z)}P\mathrm{d}x+Q\mathrm{d}y+R\mathrm{d}z. \tag{5.4}$$

现在来证明这个函数满足 $\boldsymbol{A}=\mathbf{grad}\ u$，即 $\boldsymbol{A}$ 为有势场.这只要证明

$$\frac{\partial u}{\partial x}=P,\quad \frac{\partial u}{\partial y}=Q,\quad \frac{\partial u}{\partial z}=R$$

即可.

先证其中第一个等式.为此，我们保持终点 $M(x,y,z)$ 的 y,z 坐标不动而给 x 坐标以增量 Δx，这样，得到一个新的点 $N(x+\Delta x,y,z)$.于是有

$$\begin{aligned}\Delta u&=u(N)-u(M)\\&=\int_{M_0}^{N}\boldsymbol{A}\cdot \mathrm{d}\boldsymbol{l}-\int_{M_0}^{M}\boldsymbol{A}\cdot \mathrm{d}\boldsymbol{l}\end{aligned}$$

$$= \int_M^N \boldsymbol{A} \cdot \mathrm{d}\boldsymbol{l}$$

$$= \int_{(x,y,z)}^{(x+\Delta x,y,z)} P\mathrm{d}x + Q\mathrm{d}y + R\mathrm{d}z.$$

因积分与路径无关,故最后这个积分可以在直线段 MN 上取.这时,y 与 z 均为常数,从而 $\mathrm{d}y=0$,$\mathrm{d}z=0$.这样

$$\Delta u = \int_{(x,y,z)}^{(x+\Delta x,y,z)} P(x,y,z)\mathrm{d}x.$$

按积分中值定理有

$$\Delta u = P(x+\theta\Delta x,y,z)\cdot\Delta x \quad (0\leqslant\theta\leqslant 1).$$

两端除以 Δx 后,令 $\Delta x\to 0$ 而取极限,就得到

$$\frac{\partial u}{\partial x} = P(x,y,z).$$

同理可证

$$\frac{\partial u}{\partial y} = Q(x,y,z), \qquad \frac{\partial u}{\partial z} = R(x,y,z).$$

此性质又表明:

$$\begin{aligned}\boldsymbol{A}\cdot\mathrm{d}\boldsymbol{l} &= P\mathrm{d}x + Q\mathrm{d}y + R\mathrm{d}z\\ &= \frac{\partial u}{\partial x}\mathrm{d}x + \frac{\partial u}{\partial y}\mathrm{d}y + \frac{\partial u}{\partial z}\mathrm{d}z\\ &= \mathrm{d}u.\end{aligned}$$

即表达式 $\boldsymbol{A}\cdot\mathrm{d}\boldsymbol{l}=P\mathrm{d}x+Q\mathrm{d}y+R\mathrm{d}z$ 为函数 u 的全微分,故亦称函数 u 为表达式 $\boldsymbol{A}\cdot\mathrm{d}\boldsymbol{l}=P\mathrm{d}x+Q\mathrm{d}y+R\mathrm{d}z$ 的**原函数**.

一般地,称具有曲线积分 $\int_{\overset{\frown}{M_0M}} \boldsymbol{A}\cdot\mathrm{d}\boldsymbol{l}$ 与路径无关性质的矢量场 $\boldsymbol{A}$ 为**保守场**.从上面的定理及其证明我们可以看出,在线单连域内:“场有势(梯度场)”“场无旋”“场保守”以及“表达式 $\boldsymbol{A}\cdot\mathrm{d}\boldsymbol{l}=P\mathrm{d}x+Q\mathrm{d}y+R\mathrm{d}z$ 是某个函数的全微分”这四者是彼此等价的.

此外,对有势场 $\boldsymbol{A}$ 来说,(5.4)式还给我们提供了计算势函数的途径:就是在场中选定一点 $M_0(x_0,y_0,z_0)$,用(5.4)式以任一路径从点 $M_0(x_0,y_0,z_0)$ 到点 $M(x,y,z)$ 积分,求出函数 u 后,再令 $v=-u$ 就得到势函数.一般为了简便,常选取逐段平行于坐标轴的折线 M_0RSM 来作为积分路线,如图 2-23,其中 M_0R 平行于 Ox 轴,RS 平行于 Oy 轴,SM 平行于 Oz 轴,这样(5.4)式便成为

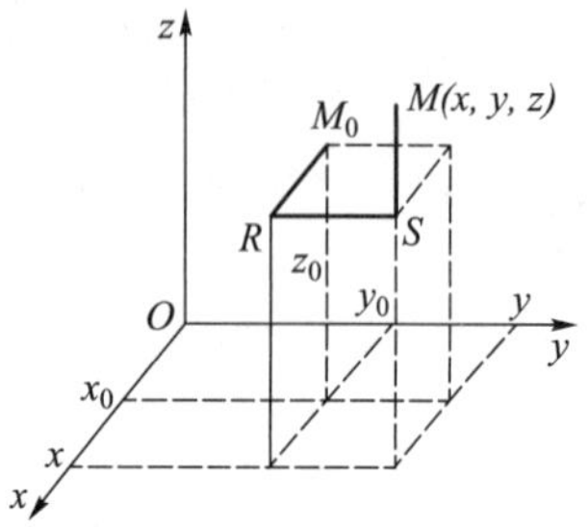

图 2-23

$$u(x,y,z)$$
$$=\int_{x_0}^{x}P(x,y_0,z_0)\,\mathrm{d}x+\int_{y_0}^{y}Q(x,y,z_0)\,\mathrm{d}y+\int_{z_0}^{z}R(x,y,z)\,\mathrm{d}z. \tag{5.5}$$

用此公式,就可比较方便地求出函数 u 来.

例 1　证明矢量场

$$\boldsymbol{A}=2xyz^2\boldsymbol{i}+(x^2z^2+\cos y)\boldsymbol{j}+2x^2yz\boldsymbol{k}$$

为有势场,并求其势函数.

证　由 $\boldsymbol{A}$ 的雅可比矩阵

$$D\boldsymbol{A}=\begin{pmatrix}2yz^2 & 2xz^2 & 4xyz\\ 2xz^2 & -\sin y & 2x^2z\\ 4xyz & 2x^2z & 2x^2y\end{pmatrix}$$

得

$$\mathbf{rot}\,\boldsymbol{A}=(2x^2z-2x^2z)\boldsymbol{i}+(4xyz-4xyz)\boldsymbol{j}+(2xz^2-2xz^2)\boldsymbol{k}=\mathbf{0},$$

故 $\boldsymbol{A}$ 为有势场.

现在应用公式(5.5)来求其势函数:为简便计,取 $M_0(x_0,y_0,z_0)$ 为坐标原点 $O(0,0,0)$.否则,求出的势函数与此只相差一个常数.因此得

$$u=\int_0^x 0\mathrm{d}x+\int_0^y\cos y\mathrm{d}y+\int_0^z 2x^2yz\mathrm{d}z$$
$$=\sin y+x^2yz^2,$$

于是得势函数 $v=-u=-\sin y-x^2yz^2$.而场的势函数的全体则为

$$v=-\sin y-x^2yz^2+C.$$

求有势场的势函数 v 除了可以用公式(5.5)外,一般还可以用不定积分法来计算,如下面例 2.

例 2　用不定积分法求例 1 中矢量场 $\boldsymbol{A}$ 的势函数.

解　在例 1 中已证得 $\boldsymbol{A}$ 为有势场,故存在函数 u 满足 $\boldsymbol{A}=\mathbf{grad}\,u$,即有

$$\frac{\partial u}{\partial x}=2xyz^2,\quad \frac{\partial u}{\partial y}=x^2z^2+\cos y,\quad \frac{\partial u}{\partial z}=2x^2yz. \tag{5.6}$$

由第一个方程对 x 积分,得

$$u=x^2yz^2+\varphi(y,z), \tag{5.7}$$

其中 $\varphi(y,z)$ 暂时是任意的.为了确定它,将上式对 y 求导,得

$$\frac{\partial u}{\partial y}=x^2z^2+\varphi_y(y,z).$$

与(5.6)式中第二个方程比较,知 $\varphi_y(y,z)=\cos y$,于是有

$$\varphi(y,z)=\sin y+\psi(z).$$

代入(5.7)式得

$$u=x^2yz^2+\sin y+\psi(z),\tag{5.8}$$

其中 $\psi(z)$ 也暂时是任意的.为了确定它,将上式对 z 求导,得

$$\frac{\partial u}{\partial z}=2x^2yz+\psi'(z),$$

与(5.6)式中第三个方程比较,知 $\psi'(z)=0$,故 $\psi(z)=C_1$,代入(5.8)式即得

$$u=x^2yz^2+\sin y+C_1,$$

从而势函数

$$v=-x^2yz^2-\sin y+C.$$

与例 1 中用公式法求得的结果相同.

例 3　若 $\boldsymbol{A}=P\boldsymbol{i}+Q\boldsymbol{j}+R\boldsymbol{k}$ 为保守场,则存在函数 $u(M)$ 使

$$\int_{\widehat{AB}}\boldsymbol{A}\cdot\mathrm{d}\boldsymbol{l}=u(M)\Big|_A^B=u(B)-u(A).\tag{5.9}$$

证　因 $\boldsymbol{A}$ 为保守场,则曲线积分 $\int_{\widehat{AB}}\boldsymbol{A}\cdot\mathrm{d}\boldsymbol{l}$ 与路径无关,于是

$$\begin{aligned}\int_{\widehat{AB}}\boldsymbol{A}\cdot\mathrm{d}\boldsymbol{l}&=\int_A^B\boldsymbol{A}\cdot\mathrm{d}\boldsymbol{l}\\&=\int_A^{M_0}\boldsymbol{A}\cdot\mathrm{d}\boldsymbol{l}+\int_{M_0}^B\boldsymbol{A}\cdot\mathrm{d}\boldsymbol{l}\\&=\int_{M_0}^B\boldsymbol{A}\cdot\mathrm{d}\boldsymbol{l}-\int_{M_0}^A\boldsymbol{A}\cdot\mathrm{d}\boldsymbol{l},\end{aligned}$$

其中 M_0 为场中任一点.

容易看出,用(5.4)式所表示的函数

$$u(M)=\int_{M_0}^M\boldsymbol{A}\cdot\mathrm{d}\boldsymbol{l},$$

就可以将上式写成

$$\int_{\widehat{AB}}\boldsymbol{A}\cdot\mathrm{d}\boldsymbol{l}=u(B)-u(A)=u(M)\Big|_A^B.$$

这就是说:(5.4)式所表示的函数 $u(M)$,就能使(5.9)式成立.而且由前面知道,这个函数 $u(M)$ 满足 $\boldsymbol{A}=\mathbf{grad}\ u(M)$,并为 $\boldsymbol{A}\cdot\mathrm{d}\boldsymbol{l}=P\mathrm{d}x+Q\mathrm{d}y+R\mathrm{d}z$ 的原函

数，通常是用公式(5.5)来求出.

例 4　证明 $\boldsymbol{A}=2xyz^3\boldsymbol{i}+x^2z^3\boldsymbol{j}+3x^2yz^2\boldsymbol{k}$ 为保守场，并计算曲线积分

$$\int_l \boldsymbol{A}\cdot \mathrm{d}\boldsymbol{l},$$

其中 l 是从 $A(1,4,1)$ 到 $B(2,3,1)$ 的任一路径.

证　由

$$D\boldsymbol{A}=\begin{pmatrix} 2yz^3 & 2xz^3 & 6xyz^2 \\ 2xz^3 & 0 & 3x^2z^2 \\ 6xyz^2 & 3x^2z^2 & 6x^2yz \end{pmatrix}$$

有

$$\mathbf{rot}\,\boldsymbol{A}=(3x^2z^2-3x^2z^2)\boldsymbol{i}+(6xyz^2-6xyz^2)\boldsymbol{j}+(2xz^3-2xz^3)\boldsymbol{k}=\boldsymbol{0},$$

故 $\boldsymbol{A}$ 为保守场，从而存在 $\boldsymbol{A}\cdot \mathrm{d}\boldsymbol{l}$ 的原函数 u. 由公式(5.5)，并取 $(x_0,y_0,z_0)=(0,0,0)$，则有

$$u=\int_0^x 0\mathrm{d}x+\int_0^y 0\mathrm{d}y+\int_0^z 3x^2yz^2\mathrm{d}z=x^2yz^3,$$

于是

$$\int_l \boldsymbol{A}\cdot \mathrm{d}\boldsymbol{l}=x^2yz^3\Big|_{A(1,4,1)}^{B(2,3,1)}=12-4=8.$$

2. 管形场

定义 2　设有矢量场 $\boldsymbol{A}$，若其散度 $\operatorname{div}\boldsymbol{A}\equiv 0$，则称此矢量场为**管形场**.

换言之，管形场就是无源场. 管形场这一名称的由来是因它具有如下的性质.

定理 2　设管形场 $\boldsymbol{A}$ 所在的空间区域为一面单连域，在场中任取一个矢量管. 假定 S_1 与 S_2 是它的任意两个横断面，其法矢量 $\boldsymbol{n}_1$ 与 $\boldsymbol{n}_2$ 都朝向矢量 $\boldsymbol{A}$ 所指的一侧，如图 2-24. 则有

$$\iint_{S_1}\boldsymbol{A}\cdot \mathrm{d}\boldsymbol{S}=\iint_{S_2}\boldsymbol{A}\cdot \mathrm{d}\boldsymbol{S}. \tag{5.10}$$

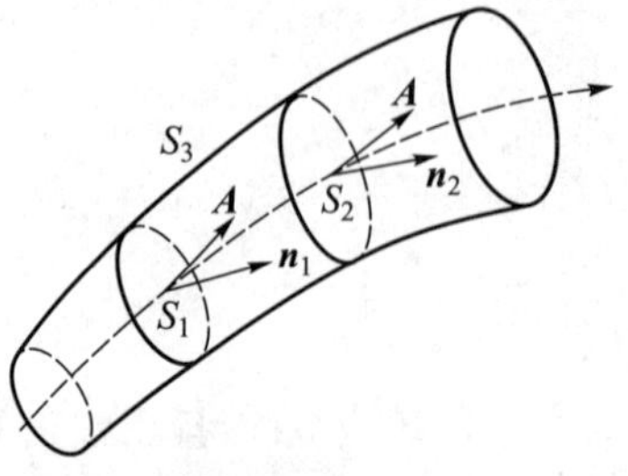

图 2-24

证　设 S 为由两断面 S_1 与 S_2 以及此两断面之间的一段矢量管面 S_3 所组成的一个封闭曲面. 由于管形场的散度恒为零，且场所在区域是面单连域，则由奥斯特罗格拉茨基公式有

$$\oiint_S \boldsymbol{A} \cdot \mathrm{d}\boldsymbol{S} = \iiint_\Omega \mathrm{div}\ \boldsymbol{A}\mathrm{d}V = 0,$$

或

$$\iint_{S_1} A_n \mathrm{d}S + \iint_{S_2} A_n \mathrm{d}S + \iint_{S_3} A_n \mathrm{d}S = 0,$$

其中 A_n 表示 $\boldsymbol{A}$ 在闭曲面 S 上的外向法矢量 $\boldsymbol{n}$ 的方向上的投影.注意到场中矢量 $\boldsymbol{A}$ 是与矢量线相切的,从而也就与矢量管的管面相切,所以在管面 S_3 上有 $A_n \equiv 0$.因此,上式成为

$$-\iint_{S_1} A_{n_1} \mathrm{d}S + \iint_{S_2} A_{n_2} \mathrm{d}S = 0,$$

或

$$\iint_{S_1} A_{n_1} \mathrm{d}S = \iint_{S_2} A_{n_2} \mathrm{d}S,$$

即有

$$\iint_{S_1} \boldsymbol{A} \cdot \mathrm{d}\boldsymbol{S} = \iint_{S_2} \boldsymbol{A} \cdot \mathrm{d}\boldsymbol{S}.$$

定理 2 告诉我们,管形场中穿过同一个矢量管的所有横断面的通量都相等,即为一常数,称其为此矢量管的**强度**.比如在无源的流速场中,定理 2 表明,从矢量管的一个横断面流入管内的流量和从其另一个横断面流出的流量是相等的.因此,流体在矢量管内流动,宛如在真正的管子内流动一样,管形场因而得名.

定理 3　在面单连域内矢量场 $\boldsymbol{A}$ 为管形场的充要条件是：它为另一个矢量场 $\boldsymbol{B}$ 的旋度场.

证　**充分性**　设 $\boldsymbol{A}=\mathbf{rot}\ \boldsymbol{B}$,则由旋度运算的基本公式有

$$\mathrm{div}(\mathbf{rot}\ \boldsymbol{B}) = 0,$$

即有

$$\mathrm{div}\ \boldsymbol{A} = 0,$$

所以矢量场 $\boldsymbol{A}$ 为管形场.

必要性　设 $\boldsymbol{A}=P\boldsymbol{i}+Q\boldsymbol{j}+R\boldsymbol{k}$ 为管形场,即有 $\mathrm{div}\ \boldsymbol{A}=0$,现在来证明存在矢量场

$$\boldsymbol{B} = U\boldsymbol{i} + V\boldsymbol{j} + W\boldsymbol{k}$$

满足

$$\mathbf{rot}\ \boldsymbol{B} = \boldsymbol{A}, \tag{5.11}$$

也就是满足

$$\begin{cases}\dfrac{\partial W}{\partial y}-\dfrac{\partial V}{\partial z}=P,\\[2mm] \dfrac{\partial U}{\partial z}-\dfrac{\partial W}{\partial x}=Q,\\[2mm] \dfrac{\partial V}{\partial x}-\dfrac{\partial U}{\partial y}=R.\end{cases} \tag{5.12}$$

满足(5.11)式的矢量 $\boldsymbol{B}$,称为矢量场 $\boldsymbol{A}$ 的**矢势量**,其存在是肯定的,例如当在场中取定一点 $M_0(x_0,y_0,z_0)$ 时,以

$$\begin{cases}U=\displaystyle\int_{z_0}^{z}Q(x,y,z)\,\mathrm{d}z-\int_{y_0}^{y}R(x,y,z_0)\,\mathrm{d}y,\\[2mm] V=-\displaystyle\int_{z_0}^{z}P(x,y,z)\,\mathrm{d}z,\\[2mm] W=C\ (C\text{ 为任何常数})\end{cases} \tag{5.13}$$

为坐标的矢量 $\boldsymbol{B}$,就是满足(5.11)式的矢势量①.

例 5 验证矢量场 $\boldsymbol{A}=(2z-3y)\boldsymbol{i}+(3x+y)\boldsymbol{j}-(z+2x)\boldsymbol{k}$ 为管形场,并求场 $\boldsymbol{A}$ 的一个矢势量.

解 因为 $\operatorname{div}\boldsymbol{A}=0+1-1=0$,故 $\boldsymbol{A}$ 为管形场.

今求其矢势量.按公式(5.13),并取 $(x_0,y_0,z_0)=(0,0,0)$,则有

$$U=\int_0^z(3x+y)\,\mathrm{d}z+\int_0^y 2x\,\mathrm{d}y=3xz+yz+2xy,$$

$$V=-\int_0^z(2z-3y)\,\mathrm{d}z=3yz-z^2,$$

$$W=1\quad(\text{取 }C=1).$$

令

$$\boldsymbol{B}=(3xz+yz+2xy)\boldsymbol{i}+(3yz-z^2)\boldsymbol{j}+\boldsymbol{k},$$

则有

$$\mathbf{rot}\,\boldsymbol{B}=(2z-3y)\boldsymbol{i}+(3x+y)\boldsymbol{j}-(z+2x)\boldsymbol{k}=\boldsymbol{A}.$$

所以 $\boldsymbol{B}$ 即所求场 $\boldsymbol{A}$ 的一个矢势量.

3. 调和场

定义 3 如果在矢量场 $\boldsymbol{A}$ 中恒有 $\operatorname{div}\boldsymbol{A}=0$ 与 $\mathbf{rot}\,\boldsymbol{A}=\mathbf{0}$,则称此矢量场为**调**

① 公式(5.13)的得来,可参看《矢量分析与场论(第五版)学习辅导与习题全解》(谢树艺编).

和场.

换言之,调和场是指既无源又无旋的矢量场.例如位于原点的点电荷 q 所产生的静电场中,除去点电荷所在的原点外,由本章第三节的例 5 知有

$$\operatorname{div}\boldsymbol{D}=0.$$

同时又由习题 5 第 9 题知有

$$\mathbf{rot}\,\boldsymbol{D}=\mathbf{0},$$

所以,电位移矢量 $\boldsymbol{D}$ 在除去原点外的区域内形成一个调和场.

由此,根据散度和旋度运算的基本公式,有

$$\operatorname{div}\boldsymbol{E}=\operatorname{div}\left(\frac{1}{\varepsilon}\boldsymbol{D}\right)=\frac{1}{\varepsilon}\operatorname{div}\boldsymbol{D}=0,$$

$$\mathbf{rot}\,\boldsymbol{E}=\mathbf{rot}\left(\frac{1}{\varepsilon}\boldsymbol{D}\right)=\frac{1}{\varepsilon}\mathbf{rot}\,\boldsymbol{D}=\mathbf{0}.$$

可见,电场强度 $\boldsymbol{E}$ 也在除去原点外的区域内形成一个调和场.

(1) 调和函数

设矢量场 $\boldsymbol{A}$ 为调和场,按定义有 $\mathbf{rot}\,\boldsymbol{A}=\mathbf{0}$,因此存在函数 u 满足 $\boldsymbol{A}=\mathbf{grad}\,u$;又按定义有 $\operatorname{div}\boldsymbol{A}=0$,于是有

$$\operatorname{div}(\mathbf{grad}\,u)=0. \tag{5.14}$$

在直角坐标系中,由于 $\mathbf{grad}\,u=\frac{\partial u}{\partial x}\boldsymbol{i}+\frac{\partial u}{\partial y}\boldsymbol{j}+\frac{\partial u}{\partial z}\boldsymbol{k}$,因而上式成为

$$\frac{\partial^2 u}{\partial x^2}+\frac{\partial^2 u}{\partial y^2}+\frac{\partial^2 u}{\partial z^2}=0. \tag{5.15}$$

这是一个二阶偏微分方程,叫做**拉普拉斯**(Laplace)**方程**;满足拉普拉斯方程且具有二阶连续偏导数的函数,叫做**调和函数**.

因此函数 u 是此调和场中的一个调和函数,它可用公式(5.5)求出.

按定义调和场亦为有势场,由(5.15)式可以看出,其势函数 $v=-u$ 显然也是调和函数.

拉普拉斯引进了一个微分算子

$$\Delta\equiv\frac{\partial^2}{\partial x^2}+\frac{\partial^2}{\partial y^2}+\frac{\partial^2}{\partial z^2}, \tag{5.16}$$

它叫做**拉普拉斯算子**,记号 Δ 可读作“拉普拉逊(laplacian)”.引用这个算子方程(5.15)便可简写为

$$\Delta u=0,$$

与(5.14)式比较,知有

$$\Delta u=\operatorname{div}(\mathbf{grad}\ u),\tag{5.17}$$

Δu 叫做**调和量**(**或拉普拉斯式**).

例 6　证明矢量场

$$\boldsymbol{A}=6xyz\boldsymbol{i}+(3x^2z-z^3)\boldsymbol{j}+(3x^2y-3yz^2)\boldsymbol{k}$$

为调和场,并求出场中的一个调和函数.

解　由场 $\boldsymbol{A}$ 的雅可比矩阵

$$D\boldsymbol{A}=\begin{pmatrix}6yz & 6xz & 6xy\\ 6xz & 0 & 3x^2-3z^2\\ 6xy & 3x^2-3z^2 & -6yz\end{pmatrix}$$

可得

$$\begin{aligned}\operatorname{div}\boldsymbol{A}&=6yz+0-6yz=0,\\ \mathbf{rot}\ \boldsymbol{A}&=[(3x^2-3z^2)-(3x^2-3z^2)]\boldsymbol{i}+(6xy-6xy)\boldsymbol{j}+(6xz-6xz)\boldsymbol{k}\\ &=\mathbf{0}.\end{aligned}$$

故 $\boldsymbol{A}$ 为调和场.现在来求场中的一个调和函数 u,由公式(5.5)

$$u=\int_{x_0}^{x}P(x,y_0,z_0)\,\mathrm{d}x+\int_{y_0}^{y}Q(x,y,z_0)\,\mathrm{d}y+\int_{z_0}^{z}R(x,y,z)\,\mathrm{d}z,$$

取 $(x_0,y_0,z_0)=(0,0,0)$,即得

$$\begin{aligned}u&=\int_0^x 0\mathrm{d}x+\int_0^y 0\mathrm{d}y+\int_0^z(3x^2y-3yz^2)\,\mathrm{d}z\\ &=3x^2yz-yz^3.\end{aligned}$$

例 7　设 S 为区域 Ω 的边界曲面,$\boldsymbol{n}$ 为 S 的向外单位法矢量,在 Ω 上函数 $f(x,y,z)$ 具有二阶连续偏导数.证明

$$\oiint_S\frac{\partial f}{\partial n}\mathrm{d}S=\iiint_\Omega\Delta f\mathrm{d}V,$$

其中$\dfrac{\partial f}{\partial n}$为 f 沿 S 的向外法矢量 $\boldsymbol{n}$ 的方向导数.

证　$\displaystyle\oiint_S\frac{\partial f}{\partial n}\mathrm{d}S=\oiint_S\mathbf{grad}\,f\cdot\boldsymbol{n}\mathrm{d}S=\oiint_S\mathbf{grad}\,f\cdot\mathrm{d}\boldsymbol{S}$,

由奥斯特罗格拉茨基公式

$$\oiint_S\frac{\partial f}{\partial n}\mathrm{d}S=\iiint_\Omega\operatorname{div}(\mathbf{grad}\,f)\,\mathrm{d}V=\iiint_\Omega\Delta f\mathrm{d}V.$$

由此知,若 $f(x,y,z)$ 为 Ω 中的调和函数,即在 Ω 中恒有 $\Delta f=0$,则有

$$\oiint_S \frac{\partial f}{\partial n}\mathrm{d}S = 0.$$

(2) 平面调和场

平面调和场是指既无源又无旋的平面矢量场.和空间调和场的概念完全类似,但比起空间调和场来,它具有某些特殊性质,是我们所应注意的.

设有平面调和场 $\boldsymbol{A}=P(x,y)\boldsymbol{i}+Q(x,y)\boldsymbol{j}$.

1) 由于 $\mathbf{rot}\,\boldsymbol{A}=\left(\frac{\partial Q}{\partial x}-\frac{\partial P}{\partial y}\right)\boldsymbol{k}=\mathbf{0}$,即

$$\frac{\partial Q}{\partial x}-\frac{\partial P}{\partial y}=0. \tag{5.18}$$

故存在势函数 v 满足 $\boldsymbol{A}=-\mathbf{grad}\,v$,即有

$$P=-\frac{\partial v}{\partial x},\quad Q=-\frac{\partial v}{\partial y}, \tag{5.19}$$

其中势函数 v 可用如下的积分来求出:

$$v(x,y)=-\int_{x_0}^{x}P(x,y_0)\,\mathrm{d}x-\int_{y_0}^{y}Q(x,y)\,\mathrm{d}y. \tag{5.20}$$

[参看(5.5)式.]

2) 由于 $\mathrm{div}\,\boldsymbol{A}=0$,即

$$\frac{\partial P}{\partial x}+\frac{\partial Q}{\partial y}=0, \tag{5.21}$$

将此式与(5.18)式比较,即可看出,它表明这样一个矢量场 $\boldsymbol{a}=-Q\boldsymbol{i}+P\boldsymbol{j}$ 的旋度

$$\mathbf{rot}\,\boldsymbol{a}=\left(\frac{\partial P}{\partial x}-\frac{\partial(-Q)}{\partial y}\right)\boldsymbol{k}=\mathbf{0},$$

因此矢量场 $\boldsymbol{a}$ 为有势场,故存在函数 u 满足 $\boldsymbol{a}=\mathbf{grad}\,u$,即有

$$-Q=\frac{\partial u}{\partial x},\quad P=\frac{\partial u}{\partial y}. \tag{5.22}$$

函数 u 称为平面调和场 $\boldsymbol{A}$ 的**力函数**,可用如下的积分来求出:

$$u(x,y)=\int_{x_0}^{x}-Q(x,y_0)\,\mathrm{d}x+\int_{y_0}^{y}P(x,y)\,\mathrm{d}y. \tag{5.23}$$

3) 比较(5.19)与(5.22)式,可得

$$\frac{\partial u}{\partial x}=\frac{\partial v}{\partial y},\quad \frac{\partial u}{\partial y}=-\frac{\partial v}{\partial x}, \tag{5.24}$$

这就是平面调和场的力函数 u 与势函数 v 之间的关系式，由它可以得到

$$\frac{\partial^2 u}{\partial x^2}+\frac{\partial^2 u}{\partial y^2}=0,\quad \frac{\partial^2 v}{\partial x^2}+\frac{\partial^2 v}{\partial y^2}=0. \tag{5.25}$$

这两个方程都是二维拉普拉斯方程.由此可知：函数 u 与 v 均为满足二维拉普拉斯方程的调和函数.又因二者由(5.24)式联系着，故称其为**共轭调和函数**，并称(5.24)式为其**共轭调和条件**.应用这个条件，就可以从 u 与 v 中的一个求出其另一个来.

例 8 已知调和函数 $u=y^3-3x^2y$，求其共轭调和函数 v.

解 因 $\frac{\partial v}{\partial y}=\frac{\partial u}{\partial x}=-6xy$，故

$$v=\int -6xy\mathrm{d}y=-3xy^2+\varphi(x), \tag{5.26}$$

其中函数 $\varphi(x)$ 暂时是任意的，为了确定它，将上式对 x 求导得

$$\frac{\partial v}{\partial x}=-3y^2+\varphi'(x),$$

又因

$$\frac{\partial v}{\partial x}=-\frac{\partial u}{\partial y}=-3y^2+3x^2,$$

与前一式比较，即知 $\varphi'(x)=3x^2$，所以 $\varphi(x)=x^3+C$.代入(5.26)式即得

$$v=-3xy^2+x^3+C\ (C\ 为任意常数).$$

4）力函数 $u(x,y)$ 与势函数 $v(x,y)$ 的等值线

$$u(x,y)=C_1\ 与\ v(x,y)=C_2 \tag{5.27}$$

相应地称为平面调和场的**力线**与**等势线**.其切线斜率依次为

$$y'=-\frac{\partial u}{\partial x}\Big/\frac{\partial u}{\partial y}=\frac{Q}{P},\quad y'=-\frac{\partial v}{\partial x}\Big/\frac{\partial v}{\partial y}=-\frac{P}{Q}. \tag{5.28}$$

由此可以看出，在场中之任一点处，力线的切线方向与场中矢量 $\boldsymbol{A}=P\boldsymbol{i}+Q\boldsymbol{j}$ 的方向一致，因此力线就是场的矢量线；又力线的切线斜率与等势线的切线斜率恰成负倒数，说明力线与等势线是互相正交的.

例 9 位于坐标原点的电量为 q 的点电荷所产生的平面静电场中，电场强度为

$$\boldsymbol{E}=\frac{q}{2\pi\varepsilon r^2}\boldsymbol{r}=\frac{q}{2\pi\varepsilon}\frac{x\boldsymbol{i}+y\boldsymbol{j}}{x^2+y^2} \tag{5.29}$$

(见本章第一节第 4 段例 5).容易证明,除点电荷所在的原点外,电场强度 $\boldsymbol{E}$ 构成一个平面调和场(即有 $\operatorname{div}\boldsymbol{E}=0$ 和 $\mathbf{rot}\,\boldsymbol{E}=\mathbf{0}$).据此,用公式(5.20)和(5.23)可依次算出其势函数

$$v(x,y)=\frac{q}{2\pi\varepsilon}\left(-\int_{x_0}^{x}\frac{x}{x^2+y_0^2}\mathrm{d}x-\int_{y_0}^{y}\frac{y}{x^2+y^2}\mathrm{d}y\right)$$
$$=\frac{q}{4\pi\varepsilon}\ln\frac{x_0^2+y_0^2}{x^2+y^2},$$

力函数

$$u(x,y)=\frac{q}{2\pi\varepsilon}\left(-\int_{x_0}^{x}\frac{y_0}{x^2+y_0^2}\mathrm{d}x+\int_{y_0}^{y}\frac{x}{x^2+y^2}\mathrm{d}y\right)$$
$$=\frac{q}{2\pi\varepsilon}\left(\arctan\frac{y}{x}+\arctan\frac{x_0}{y_0}-\frac{\pi}{2}\right).$$

从而,场的力线和等势线方程经化简可写为

$$\frac{y}{x}=C_1,\quad x^2+y^2=C_2.$$

这也就是电场的电力线和等位线方程.前者是从原点发出的一族射线,后者是以原点为圆心的一族同心圆周.显然,这两族曲线是互相正交的,参看图 2-25.

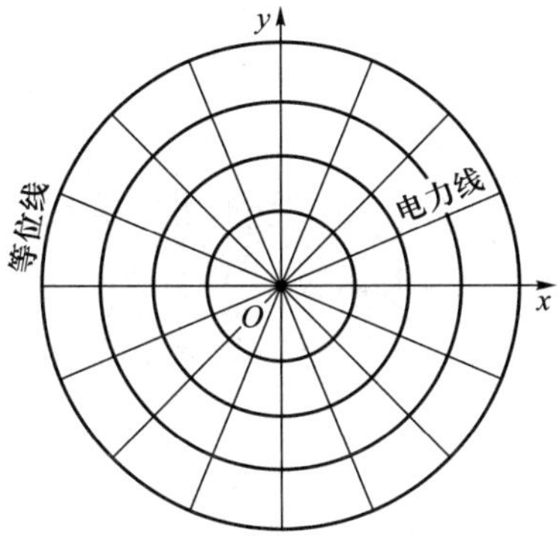

图 2-25

习题 6

1. 证明下列矢量场为有势场,并用公式法和不定积分法求其势函数.

（1）$\boldsymbol{A}=y\cos xy\boldsymbol{i}+x\cos xy\boldsymbol{j}+\sin z\boldsymbol{k}$；

（2）$\boldsymbol{A}=(2x\cos y-y^2\sin x)\boldsymbol{i}+(2y\cos x-x^2\sin y)\boldsymbol{j}$.

2. 下列矢量场 $\boldsymbol{A}$ 是否为保守场？若是，计算曲线积分 $\int_l \boldsymbol{A}\cdot \mathrm{d}\boldsymbol{l}$.

（1）$\boldsymbol{A}=(6xy+z^3)\boldsymbol{i}+(3x^2-z)\boldsymbol{j}+(3xz^2-y)\boldsymbol{k}$，$l$ 的起点为 $A(4,0,1)$，终点为$B(2,1,-1)$；

（2）$\boldsymbol{A}=2xz\boldsymbol{i}+2yz^2\boldsymbol{j}+(x^2+2y^2z-1)\boldsymbol{k}$，$l$ 的起点为 $A(3,0,1)$，终点为 $B(5,-1,3)$.

3. 求下列全微分的原函数 u：

（1）$\mathrm{d}u=(x^2-2yz)\mathrm{d}x+(y^2-2xz)\mathrm{d}y+(z^2-2xy)\mathrm{d}z$；

（2）$\mathrm{d}u=(3x^2+6xy^2)\mathrm{d}x+(6x^2y+4y^3)\mathrm{d}y$.

4. 确定常数 a 使 $\boldsymbol{A}=(x+3y)\boldsymbol{i}+(y-2z)\boldsymbol{j}+(x+az)\boldsymbol{k}$ 为管形场.

5. 证明 $\textbf{grad}\ u\times\textbf{grad}\ v$ 为管形场.

6. 求证 $\boldsymbol{A}=(2x^2+8xy^2z)\boldsymbol{i}+(3x^3y-3xy)\boldsymbol{j}-(4y^2z^2+2x^3z)\boldsymbol{k}$ 不是管形场，而 $\boldsymbol{B}=xyz^2\boldsymbol{A}$ 是管形场.

7. 设 $\boldsymbol{B}$ 为无源场 $\boldsymbol{A}$ 的矢势量，$\varphi(x,y,z)$ 为具有二阶连续偏导数的任意函数，证明 $\boldsymbol{B}+\textbf{grad}\ \varphi$ 亦为矢量场 $\boldsymbol{A}$ 的矢势量.

8. 是否存在矢量场 $\boldsymbol{B}$，使得

（1）$\textbf{rot}\ \boldsymbol{B}=x\boldsymbol{i}+y\boldsymbol{j}+z\boldsymbol{k}$；

（2）$\textbf{rot}\ \boldsymbol{B}=y^2\boldsymbol{i}+z^2\boldsymbol{j}+x^2\boldsymbol{k}$.

若存在，求出 $\boldsymbol{B}$.

9. 证明矢量场

$$\boldsymbol{A}=(2x+y)\boldsymbol{i}+(4y+x+2z)\boldsymbol{j}+(2y-6z)\boldsymbol{k}$$

为调和场，并求出场中的一个调和函数.

10. 已知 $u=3x^2z-y^2z^3+4x^3y+2x-3y-5$，求 Δu.

［提示：$\Delta u=\mathrm{div}(\textbf{grad}\ u)$.］

11. 若函数 $\varphi(x,y,z)$ 满足拉普拉斯方程 $\Delta\varphi=0$，证明梯度场 $\textbf{grad}\ \varphi$ 为调和场.

12. 设 r 为矢径 $\boldsymbol{r}=x\boldsymbol{i}+y\boldsymbol{j}+z\boldsymbol{k}$ 的模，证明

（1）$\Delta(\ln r)=\dfrac{1}{r^2}$；

（2）$\Delta r^n=n(n+1)r^{n-2}$（n 为常数）.

13. 试证矢量场 $\boldsymbol{A}=-2y\boldsymbol{i}-2x\boldsymbol{j}$ 为平面调和场,并且

(1) 求出场的力函数 u 与势函数 v;

(2) 画出场的力线与等势线的示意图.

14. 已知平面调和场的力函数 $u=x^2-y^2+xy$,求场的势函数 v 及场矢量 $\boldsymbol{A}$.

第三章　哈密顿算子 ∇

哈密顿(W. R. Hamilton)引进了一个矢性微分算子

$$\nabla \equiv \frac{\partial}{\partial x}\boldsymbol{i} + \frac{\partial}{\partial y}\boldsymbol{j} + \frac{\partial}{\partial z}\boldsymbol{k},$$

称为**哈密顿算子**或 **∇ 算子**.记号 ∇ 可读作“那勃勒(nabla)”, ∇ 算子是一种微分运算符号,同时又被看作是矢量.就是说,它在运算中具有矢量和微分的双重性质.其运算规则是:

$$\nabla u = \left(\boldsymbol{i}\frac{\partial}{\partial x} + \boldsymbol{j}\frac{\partial}{\partial y} + \boldsymbol{k}\frac{\partial}{\partial z}\right) u = \frac{\partial u}{\partial x}\boldsymbol{i} + \frac{\partial u}{\partial y}\boldsymbol{j} + \frac{\partial u}{\partial z}\boldsymbol{k},$$

$$\begin{aligned}\nabla \cdot \boldsymbol{A} &= \left(\boldsymbol{i}\frac{\partial}{\partial x} + \boldsymbol{j}\frac{\partial}{\partial y} + \boldsymbol{k}\frac{\partial}{\partial z}\right) \cdot (A_x\boldsymbol{i} + A_y\boldsymbol{j} + A_z\boldsymbol{k}) \\ &= \frac{\partial A_x}{\partial x} + \frac{\partial A_y}{\partial y} + \frac{\partial A_z}{\partial z},\end{aligned}$$

$$\begin{aligned}\nabla \times \boldsymbol{A} &= \begin{vmatrix} \boldsymbol{i} & \boldsymbol{j} & \boldsymbol{k} \\ \frac{\partial}{\partial x} & \frac{\partial}{\partial y} & \frac{\partial}{\partial z} \\ A_x & A_y & A_z \end{vmatrix} \\ &= \left(\frac{\partial A_z}{\partial y} - \frac{\partial A_y}{\partial z}\right)\boldsymbol{i} + \left(\frac{\partial A_x}{\partial z} - \frac{\partial A_z}{\partial x}\right)\boldsymbol{j} + \left(\frac{\partial A_y}{\partial x} - \frac{\partial A_x}{\partial y}\right)\boldsymbol{k},\end{aligned}$$

由此可见,数量场 u 的梯度与矢量场 $\boldsymbol{A}$ 的散度和旋度正好可用 ∇ 算子表示为

$$\mathbf{grad}\, u = \nabla u,\ \mathrm{div}\, \boldsymbol{A} = \nabla \cdot \boldsymbol{A},\ \mathbf{rot}\, \boldsymbol{A} = \nabla \times \boldsymbol{A}.$$

从而,与此相关的一些公式,也就可通过 ∇ 算子来表示.

关于拉普拉斯算子 Δ,亦可用哈密顿算子 ∇ 表示为

$$\Delta = \mathrm{div}\, \nabla.$$

因为

$$\begin{aligned}\mathrm{div}\, \nabla &= \nabla \cdot \nabla \\ &= \left(\boldsymbol{i}\frac{\partial}{\partial x} + \boldsymbol{j}\frac{\partial}{\partial y} + \boldsymbol{k}\frac{\partial}{\partial z}\right) \cdot \left(\frac{\partial}{\partial x}\boldsymbol{i} + \frac{\partial}{\partial y}\boldsymbol{j} + \frac{\partial}{\partial z}\boldsymbol{k}\right) \\ &= \frac{\partial^2}{\partial x^2} + \frac{\partial^2}{\partial y^2} + \frac{\partial^2}{\partial z^2} = \Delta.\end{aligned}$$

据此,调和量 Δu 可表示为

$$\Delta u = (\operatorname{div} \nabla) u.$$

由第二章的(5.17)式,调和量又可表示为

$$\Delta u = \operatorname{div}(\nabla u) = \nabla \cdot \nabla u.$$

此外,为了在某些公式中使用方便,我们还引进如下的一个数性微分算子

$$\begin{aligned} \boldsymbol{A} \cdot \nabla &= (A_x \boldsymbol{i} + A_y \boldsymbol{j} + A_z \boldsymbol{k}) \cdot \left(\boldsymbol{i} \frac{\partial}{\partial x} + \boldsymbol{j} \frac{\partial}{\partial y} + \boldsymbol{k} \frac{\partial}{\partial z} \right) \\ &= A_x \frac{\partial}{\partial x} + A_y \frac{\partial}{\partial y} + A_z \frac{\partial}{\partial z}, \end{aligned}$$

它既可作用在数性函数 $u(M)$ 上,又可作用在矢性函数 $\boldsymbol{B}(M)$ 上.如

$$(\boldsymbol{A} \cdot \nabla) u = A_x \frac{\partial u}{\partial x} + A_y \frac{\partial u}{\partial y} + A_z \frac{\partial u}{\partial z},$$

$$(\boldsymbol{A} \cdot \nabla) \boldsymbol{B} = A_x \frac{\partial \boldsymbol{B}}{\partial x} + A_y \frac{\partial \boldsymbol{B}}{\partial y} + A_z \frac{\partial \boldsymbol{B}}{\partial z}.$$

应当注意:这里的 $\boldsymbol{A} \cdot \nabla$ 与上述的 $\nabla \cdot \boldsymbol{A}$ 是完全不同的.

现在我们把用 ∇ 表示的一些常见公式列在下面,以便于查用,其中 u 与 v 为数性函数,$\boldsymbol{A}$ 与 $\boldsymbol{B}$ 为矢性函数.

(1) $\nabla(cu) = c \nabla u$ (c 为常数),

(2) $\nabla \cdot (c\boldsymbol{A}) = c \nabla \cdot \boldsymbol{A}$ (c 为常数),

(3) $\nabla \times (c\boldsymbol{A}) = c \nabla \times \boldsymbol{A}$ (c 为常数),

(4) $\nabla(u \pm v) = \nabla u \pm \nabla v$,

(5) $\nabla \cdot (\boldsymbol{A} \pm \boldsymbol{B}) = \nabla \cdot \boldsymbol{A} \pm \nabla \cdot \boldsymbol{B}$,

(6) $\nabla \times (\boldsymbol{A} \pm \boldsymbol{B}) = \nabla \times \boldsymbol{A} \pm \nabla \times \boldsymbol{B}$,

(7) $\nabla \cdot (u\boldsymbol{c}) = \nabla u \cdot \boldsymbol{c}$ ($\boldsymbol{c}$ 为常矢),

(8) $\nabla \times (u\boldsymbol{c}) = \nabla u \times \boldsymbol{c}$ ($\boldsymbol{c}$ 为常矢),

(9) $\nabla(uv) = u \nabla v + v \nabla u$,

(10) $\nabla \cdot (u\boldsymbol{A}) = u \nabla \cdot \boldsymbol{A} + \nabla u \cdot \boldsymbol{A}$,

(11) $\nabla \times (u\boldsymbol{A}) = u \nabla \times \boldsymbol{A} + \nabla u \times \boldsymbol{A}$,

(12) $\nabla(\boldsymbol{A} \cdot \boldsymbol{B}) = \boldsymbol{A} \times (\nabla \times \boldsymbol{B}) + (\boldsymbol{A} \cdot \nabla)\boldsymbol{B} + \boldsymbol{B} \times (\nabla \times \boldsymbol{A}) + (\boldsymbol{B} \cdot \nabla)\boldsymbol{A}$,

(13) $\nabla \cdot (\boldsymbol{A} \times \boldsymbol{B}) = \boldsymbol{B} \cdot (\nabla \times \boldsymbol{A}) - \boldsymbol{A} \cdot (\nabla \times \boldsymbol{B})$,

(14) $\nabla \times (\boldsymbol{A} \times \boldsymbol{B}) = (\boldsymbol{B} \cdot \nabla)\boldsymbol{A} - (\boldsymbol{A} \cdot \nabla)\boldsymbol{B} - \boldsymbol{B}(\nabla \cdot \boldsymbol{A}) +$

$\boldsymbol{A}(\nabla\cdot\boldsymbol{B})$,

(15) $\nabla\cdot(\nabla u)=\nabla^2 u=\Delta u$（$\Delta u$ 为调和量）,

(16) $\nabla\times(\nabla u)=\mathbf{0}$,

(17) $\nabla\cdot(\nabla\times\boldsymbol{A})=0$,

(18) $\nabla\times(\nabla\times\boldsymbol{A})=\nabla(\nabla\cdot\boldsymbol{A})-\Delta\boldsymbol{A}$（其中 $\Delta\boldsymbol{A}=(\mathrm{div}\,\nabla)\boldsymbol{A}$）.

在下面的公式中 $\boldsymbol{r}=x\boldsymbol{i}+y\boldsymbol{j}+z\boldsymbol{k}, r=|\boldsymbol{r}|$,

(19) $\nabla r=\dfrac{\boldsymbol{r}}{r}=\boldsymbol{r}^{\circ}$,

(20) $\nabla\cdot\boldsymbol{r}=3$,

(21) $\nabla\times\boldsymbol{r}=\mathbf{0}$,

(22) $\nabla f(u)=f'(u)\nabla u$,

(23) $\nabla f(u,v)=\dfrac{\partial f}{\partial u}\nabla u+\dfrac{\partial f}{\partial v}\nabla v$,

(24) $\nabla f(r)=\dfrac{f'(r)}{r}\boldsymbol{r}=f'(r)\boldsymbol{r}^{\circ}$,

(25) $\nabla\times[f(r)\boldsymbol{r}]=\mathbf{0}$,

(26) $\nabla\times(r^{-3}\boldsymbol{r})=\mathbf{0}$（$r\neq 0$）,

(27) 奥斯特罗格拉茨基公式 $\oiint\limits_S \boldsymbol{A}\cdot\mathrm{d}\boldsymbol{S}=\iiint\limits_\Omega(\nabla\cdot\boldsymbol{A})\mathrm{d}V$,

(28) 斯托克斯公式 $\oint_l \boldsymbol{A}\cdot\mathrm{d}\boldsymbol{l}=\iint\limits_S(\nabla\times\boldsymbol{A})\cdot\mathrm{d}\boldsymbol{S}$.

上面的公式(1)至(8)和公式(15)可以根据∇算子的运算规则直接推导出来,是几个最基本的公式.应用这几个公式和下述方法,就可进而推证出其他的一些公式.现在我们通过几个例子来说明使用∇算子的一种简易计算方法.

例 1　证明　$\nabla(uv)=u\nabla v+v\nabla u$.

证 1　$\nabla(uv)=\left(\boldsymbol{i}\dfrac{\partial}{\partial x}+\boldsymbol{j}\dfrac{\partial}{\partial y}+\boldsymbol{k}\dfrac{\partial}{\partial z}\right)uv$

$$=\boldsymbol{i}\frac{\partial(uv)}{\partial x}+\boldsymbol{j}\frac{\partial(uv)}{\partial y}+\boldsymbol{k}\frac{\partial(uv)}{\partial z}$$

$$=\left(u\frac{\partial v}{\partial x}+v\frac{\partial u}{\partial x}\right)\boldsymbol{i}+\left(u\frac{\partial v}{\partial y}+v\frac{\partial u}{\partial y}\right)\boldsymbol{j}+\left(u\frac{\partial v}{\partial z}+v\frac{\partial u}{\partial z}\right)\boldsymbol{k}$$

$$=u\left(\frac{\partial v}{\partial x}\boldsymbol{i}+\frac{\partial v}{\partial y}\boldsymbol{j}+\frac{\partial v}{\partial z}\boldsymbol{k}\right)+v\left(\frac{\partial u}{\partial x}\boldsymbol{i}+\frac{\partial u}{\partial y}\boldsymbol{j}+\frac{\partial u}{\partial z}\boldsymbol{k}\right)$$

$$=u\nabla v+v\nabla u.$$

算子$\nabla=\boldsymbol{i}\frac{\partial}{\partial x}+\boldsymbol{j}\frac{\partial}{\partial y}+\boldsymbol{k}\frac{\partial}{\partial z}$实际上是三个数性微分算子$\frac{\partial}{\partial x},\frac{\partial}{\partial y},\frac{\partial}{\partial z}$的线性组合,而这些数性微分算子是服从乘积的微分法则的,就是当它们作用在两个函数的乘积时,每次只对其中一个因子运算,而把另一个因子看作常数.因此作为这些数性微分算子的线性组合的∇,在其微分性质中,自然也服从乘积的微分法则.明确这一点,就可以将例 1 简化成下面的方法来证明.

证 2　根据∇算子的微分性质,并按乘积的微分法则,有

$$\nabla(uv)=\nabla(u_c v)+\nabla(uv_c).$$

在上式右端,我们根据乘积的微分法则把暂时看成常数的量附以下标 c,待运算结束后,再除去之.依此,根据公式(1)就得到

$$\nabla(uv)=u_c\nabla v+v_c\nabla u=u\nabla v+v\nabla u.$$

例 2　证明$\nabla\cdot(u\boldsymbol{A})=u\nabla\cdot\boldsymbol{A}+\nabla u\cdot\boldsymbol{A}$.

证　根据∇算子的微分性质,并按乘积的微分法则,有

$$\nabla\cdot(u\boldsymbol{A})=\nabla\cdot(u_c\boldsymbol{A})+\nabla\cdot(u\boldsymbol{A}_c).$$

右端第一项,由公式(2)有

$$\nabla\cdot(u_c\boldsymbol{A})=u_c\nabla\cdot\boldsymbol{A}=u\nabla\cdot\boldsymbol{A},$$

右端第二项,由公式(7)有

$$\nabla\cdot(u\boldsymbol{A}_c)=\nabla u\cdot\boldsymbol{A}_c=\nabla u\cdot\boldsymbol{A},$$

所以

$$\nabla\cdot(u\boldsymbol{A})=u\nabla\cdot\boldsymbol{A}+\nabla u\cdot\boldsymbol{A}.$$

例 3　证明$\nabla\cdot(\boldsymbol{A}\times\boldsymbol{B})=\boldsymbol{B}\cdot(\nabla\times\boldsymbol{A})-\boldsymbol{A}\cdot(\nabla\times\boldsymbol{B})$.

证　根据∇算子的微分性质,按乘积的微分法则,有

$$\nabla\cdot(\boldsymbol{A}\times\boldsymbol{B})=\nabla\cdot(\boldsymbol{A}\times\boldsymbol{B}_c)+\nabla\cdot(\boldsymbol{A}_c\times\boldsymbol{B}).$$

再根据∇算子的矢量性质,把上式右端两项都看成三个矢量的混合积,然后根据三个矢量在其混合积中位置的轮换性:

$$\boldsymbol{a}\cdot(\boldsymbol{b}\times\boldsymbol{c})=\boldsymbol{c}\cdot(\boldsymbol{a}\times\boldsymbol{b})=\boldsymbol{b}\cdot(\boldsymbol{c}\times\boldsymbol{a}),$$

将上式右端两项中的**常矢都轮换到∇的前面**,同时使得**变矢都留在∇的后面**.据此

$$\nabla\cdot(\boldsymbol{A}\times\boldsymbol{B})=\nabla\cdot(\boldsymbol{A}\times\boldsymbol{B}_c)+\nabla\cdot(\boldsymbol{A}_c\times\boldsymbol{B})$$

$$
\begin{aligned}
&= \nabla \cdot (\boldsymbol{A} \times \boldsymbol{B}_c) - \nabla \cdot (\boldsymbol{B} \times \boldsymbol{A}_c) \\
&= \boldsymbol{B}_c \cdot (\nabla \times \boldsymbol{A}) - \boldsymbol{A}_c \cdot (\nabla \times \boldsymbol{B}) \\
&= \boldsymbol{B} \cdot (\nabla \times \boldsymbol{A}) - \boldsymbol{A} \cdot (\nabla \times \boldsymbol{B}).
\end{aligned}
$$

在 ∇ 算子的运算中,常常用到三个矢量的混合积公式

$$\boldsymbol{a} \cdot (\boldsymbol{b} \times \boldsymbol{c}) = \boldsymbol{c} \cdot (\boldsymbol{a} \times \boldsymbol{b}) = \boldsymbol{b} \cdot (\boldsymbol{c} \times \boldsymbol{a}),$$

及二重矢量积公式

$$\boldsymbol{a} \times (\boldsymbol{b} \times \boldsymbol{c}) = (\boldsymbol{a} \cdot \boldsymbol{c})\boldsymbol{b} - (\boldsymbol{a} \cdot \boldsymbol{b})\boldsymbol{c},$$

这些公式都有几种写法,比如上式右端第一项 $(\boldsymbol{a} \cdot \boldsymbol{c})\boldsymbol{b}$,还可写为 $(\boldsymbol{c} \cdot \boldsymbol{a})\boldsymbol{b}$, $\boldsymbol{b}(\boldsymbol{a} \cdot \boldsymbol{c})$, $\boldsymbol{b}(\boldsymbol{c} \cdot \boldsymbol{a})$ 等.因此,在应用这些公式时,就要利用它的这个特点,**设法将其中的常矢移到 ∇ 的前面,而使变矢留在 ∇ 的后面.**

例 4　证明

$$\nabla \times (\boldsymbol{A} \times \boldsymbol{B}) = (\boldsymbol{B} \cdot \nabla)\boldsymbol{A} - (\boldsymbol{A} \cdot \nabla)\boldsymbol{B} - \boldsymbol{B}(\nabla \cdot \boldsymbol{A}) + \boldsymbol{A}(\nabla \cdot \boldsymbol{B}).$$

证　根据 ∇ 算子的微分性质,应用乘积的微分法则,有

$$\nabla \times (\boldsymbol{A} \times \boldsymbol{B}) = \nabla \times (\boldsymbol{A}_c \times \boldsymbol{B}) + \nabla \times (\boldsymbol{A} \times \boldsymbol{B}_c).$$

再根据 ∇ 算子的矢量性质,将上式右端两项都看成三个矢量的二重矢量积,应用二重矢量积公式有

$$
\begin{aligned}
\nabla \times (\boldsymbol{A}_c \times \boldsymbol{B}) &= \boldsymbol{A}_c(\nabla \cdot \boldsymbol{B}) - (\boldsymbol{A}_c \cdot \nabla)\boldsymbol{B} \\
&= \boldsymbol{A}(\nabla \cdot \boldsymbol{B}) - (\boldsymbol{A} \cdot \nabla)\boldsymbol{B}, \\
\nabla \times (\boldsymbol{A} \times \boldsymbol{B}_c) &= (\boldsymbol{B}_c \cdot \nabla)\boldsymbol{A} - \boldsymbol{B}_c(\nabla \cdot \boldsymbol{A}) \\
&= (\boldsymbol{B} \cdot \nabla)\boldsymbol{A} - \boldsymbol{B}(\nabla \cdot \boldsymbol{A}),
\end{aligned}
$$

所以

$$\nabla \times (\boldsymbol{A} \times \boldsymbol{B}) = (\boldsymbol{B} \cdot \nabla)\boldsymbol{A} - (\boldsymbol{A} \cdot \nabla)\boldsymbol{B} - \boldsymbol{B}(\nabla \cdot \boldsymbol{A}) + \boldsymbol{A}(\nabla \cdot \boldsymbol{B}).$$

下面再看几个应用的例子:

例 5　已知 $u = 3x\sin yz$, $\boldsymbol{r} = x\boldsymbol{i} + y\boldsymbol{j} + z\boldsymbol{k}$,求 $\nabla \cdot (u\boldsymbol{r})$.

解　由公式(10)

$$\nabla \cdot (u\boldsymbol{r}) = u\nabla \cdot \boldsymbol{r} + \nabla u \cdot \boldsymbol{r},$$

再由公式(20)知其中 $\nabla \cdot \boldsymbol{r} = 3$.而

$$
\begin{aligned}
\nabla u &= \left(\frac{\partial}{\partial x}\boldsymbol{i} + \frac{\partial}{\partial y}\boldsymbol{j} + \frac{\partial}{\partial z}\boldsymbol{k}\right) 3x\sin yz \\
&= 3(\sin yz\boldsymbol{i} + xz\cos yz\boldsymbol{j} + xy\cos yz\boldsymbol{k}),
\end{aligned}
$$

所以

$$\nabla \cdot (u\boldsymbol{r}) = 9x\sin yz + 3(\sin yz\boldsymbol{i} + xz\cos yz\boldsymbol{j} + xy\cos yz\boldsymbol{k}) \cdot \boldsymbol{r}$$

$$= 12x\sin yz + 6xyz\cos yz.$$

例 6 设 $\boldsymbol{A}=xz^3\boldsymbol{i}-2x^2yz\boldsymbol{j}+2yz^4\boldsymbol{k}$，求在点 $M(1,2,1)$ 处的 $\nabla\times\boldsymbol{A}$.

解 因为 $\nabla\times\boldsymbol{A}=\mathbf{rot}\ \boldsymbol{A}$，故由 $\boldsymbol{A}$ 的雅可比矩阵

$$D\boldsymbol{A}=\begin{pmatrix} z^3 & 0 & 3xz^2 \\ -4xyz & -2x^2z & -2x^2y \\ 0 & 2z^4 & 8yz^3 \end{pmatrix}$$

有

$$\begin{aligned}\nabla\times\boldsymbol{A} &= [2z^4-(-2x^2y)]\boldsymbol{i}+(3xz^2-0)\boldsymbol{j}+(-4xyz-0)\boldsymbol{k}\\ &=(2z^4+2x^2y)\boldsymbol{i}+3xz^2\boldsymbol{j}-4xyz\boldsymbol{k},\end{aligned}$$

于是

$$\nabla\times\boldsymbol{A}\big|_M=6\boldsymbol{i}+3\boldsymbol{j}-8\boldsymbol{k}.$$

例 7 验证

$$\oint_l(\boldsymbol{a}\times\boldsymbol{r})\cdot \mathrm{d}\boldsymbol{l}=2\iint_S\boldsymbol{a}\cdot\mathrm{d}\boldsymbol{S},$$

其中 $\boldsymbol{a}$ 为常矢，$\boldsymbol{r}=x\boldsymbol{i}+y\boldsymbol{j}+z\boldsymbol{k}$.

证 在斯托克斯公式 $\oint_l\boldsymbol{A}\cdot\mathrm{d}\boldsymbol{l}=\iint_S(\nabla\times\boldsymbol{A})\cdot\mathrm{d}\boldsymbol{S}$ 中，取 $\boldsymbol{A}=\boldsymbol{a}\times\boldsymbol{r}$，即有

$$\oint_l(\boldsymbol{a}\times\boldsymbol{r})\cdot\mathrm{d}\boldsymbol{l}=\iint_S\nabla\times(\boldsymbol{a}\times\boldsymbol{r})\cdot\mathrm{d}\boldsymbol{S}.$$

由公式(14)

$$\begin{aligned}&\nabla\times(\boldsymbol{a}\times\boldsymbol{r})\\ &=(\boldsymbol{r}\cdot\nabla)\boldsymbol{a}-(\boldsymbol{a}\cdot\nabla)\boldsymbol{r}-\boldsymbol{r}(\nabla\cdot\boldsymbol{a})+\boldsymbol{a}(\nabla\cdot\boldsymbol{r})\\ &=\boldsymbol{0}-\left(a_x\frac{\partial}{\partial x}+a_y\frac{\partial}{\partial y}+a_z\frac{\partial}{\partial z}\right)\boldsymbol{r}-\boldsymbol{0}+3\boldsymbol{a}\\ &=-(a_x\boldsymbol{i}+a_y\boldsymbol{j}+a_z\boldsymbol{k})+3\boldsymbol{a}\\ &=-\boldsymbol{a}+3\boldsymbol{a}=2\boldsymbol{a},\end{aligned}$$

故有

$$\oint_l(\boldsymbol{a}\times\boldsymbol{r})\cdot\mathrm{d}\boldsymbol{l}=2\iint_S\boldsymbol{a}\cdot\mathrm{d}\boldsymbol{S}.$$

例 8 **验证格林(Green)第一公式**

$$\oiint_S(u\nabla v)\cdot\mathrm{d}\boldsymbol{S}=\iiint_\Omega(\nabla v\cdot\nabla u+u\Delta v)\mathrm{d}V$$

与格林第二公式

$$\oiint_S (u \nabla v - v \nabla u) \cdot d\boldsymbol{S} = \iiint_\Omega (u\Delta v - v\Delta u)\, dV$$

及格林第三公式

$$\oiint_S u \nabla u \cdot d\boldsymbol{S} = \iiint_\Omega (\nabla u)^2 + u\Delta u dV.$$

证　在奥斯特罗格拉茨基公式 $\oiint_S \boldsymbol{A} \cdot d\boldsymbol{S} = \iiint_\Omega \nabla \cdot \boldsymbol{A} dV$ 中，取 $\boldsymbol{A} = u \nabla v$，则有

$$\oiint_S (u \nabla v) \cdot d\boldsymbol{S} = \iiint_\Omega \nabla \cdot (u \nabla v)\, dV.$$

在右端应用公式(10)即得到格林第一公式

$$\oiint_S (u \nabla v) \cdot d\boldsymbol{S} = \iiint_\Omega (\nabla u \cdot \nabla v + u\Delta v)\, dV.$$

同理

$$\oiint_S (v \nabla u) \cdot d\boldsymbol{S} = \iiint_\Omega (\nabla v \cdot \nabla u + v\Delta u)\, dV,$$

将此两式相减，即得格林第二公式.

容易看出，只要在格林第一公式中取 $v=u$，即得格林第三公式.

习题 7

1. 证明 $\nabla\times(u\boldsymbol{A}) = u \nabla\times\boldsymbol{A} + \nabla u\times\boldsymbol{A}$.

2. 证明

$\nabla(\boldsymbol{A} \cdot \boldsymbol{B}) = \boldsymbol{A}\times(\nabla\times\boldsymbol{B}) + (\boldsymbol{A} \cdot \nabla)\boldsymbol{B} + \boldsymbol{B}\times(\nabla\times\boldsymbol{A}) + (\boldsymbol{B} \cdot \nabla)\boldsymbol{A}$.

[提示：$\boldsymbol{c}(\boldsymbol{a} \cdot \boldsymbol{b}) = (\boldsymbol{a} \cdot \boldsymbol{c})\boldsymbol{b} + \boldsymbol{a}\times(\boldsymbol{c}\times\boldsymbol{b})$.]

3. 证明 $(\boldsymbol{A} \cdot \nabla)\boldsymbol{A} = \dfrac{1}{2}\nabla(\boldsymbol{A})^2 - \boldsymbol{A}\times(\nabla\times\boldsymbol{A})$.

4. 证明 $(\boldsymbol{A} \cdot \nabla)u = \boldsymbol{A} \cdot \nabla u$.

5. 证明 $\Delta(uv) = u\Delta v + v\Delta u + 2 \nabla u \cdot \nabla v$.

6. 设 $\boldsymbol{a}, \boldsymbol{b}$ 为常矢，$\boldsymbol{r} = x\boldsymbol{i} + y\boldsymbol{j} + z\boldsymbol{k}$，$r = |\boldsymbol{r}|$. 证明：

(1) $\nabla(\boldsymbol{r} \cdot \boldsymbol{a}) = \boldsymbol{a}$;

(2) $\nabla \cdot (r\boldsymbol{a}) = \dfrac{1}{r}(\boldsymbol{r} \cdot \boldsymbol{a})$;

(3) $\nabla\times(r\boldsymbol{a}) = \dfrac{1}{r}(\boldsymbol{r}\times\boldsymbol{a})$;

(4) $\nabla\times[(\boldsymbol{r}\cdot\boldsymbol{a})\boldsymbol{b}]=\boldsymbol{a}\times\boldsymbol{b}$;

(5) $\nabla(|\boldsymbol{a}\times\boldsymbol{r}|^2)=2[(\boldsymbol{a}\cdot\boldsymbol{a})\boldsymbol{r}-(\boldsymbol{a}\cdot\boldsymbol{r})\boldsymbol{a}]$.

[提示：利用拉格朗日恒等式：

$$(\boldsymbol{a}\times\boldsymbol{b})^2=\boldsymbol{a}^2\boldsymbol{b}^2-(\boldsymbol{a}\cdot\boldsymbol{b})^2.]$$

*7. 已知函数 u 与无源场 $\boldsymbol{A}$ 分别满足：

$$\Delta u=F(x,y,z);$$

$$\Delta\boldsymbol{A}=-\boldsymbol{G}(x,y,z).$$

求证 $\boldsymbol{B}=\nabla u+\nabla\times\boldsymbol{A}$ 满足如下方程组：

$$\begin{cases}\nabla\cdot\boldsymbol{B}=F(x,y,z),\\ \nabla\times\boldsymbol{B}=\boldsymbol{G}(x,y,z).\end{cases}$$

*8. 设 S 为区域 Ω 的边界曲面，$\boldsymbol{n}$ 为 S 的外向单位法矢量，f 与 g 均为 Ω 中的调和函数.证明：

(1) $\displaystyle\oiint_S f\frac{\partial f}{\partial n}\mathrm{d}S=\iiint_\Omega|\nabla f|^2\mathrm{d}V$;

(2) $\displaystyle\oiint_S f\frac{\partial g}{\partial n}\mathrm{d}S=\oiint_S g\frac{\partial f}{\partial n}\mathrm{d}S$.

*第四章　梯度、散度、旋度与调和量在正交曲线坐标系中的表示式

场论中的梯度、散度、旋度以及调和量，其概念都是与坐标系无关的，前面介绍过它们在直角坐标系中的表达式.但是，在很多问题中，采用直角坐标系将会遇到许多不必要的麻烦.因此，我们来介绍一般的正交曲线坐标系，以便在需要时简化我们所研究的问题.

第一节　曲线坐标的概念

如果空间里的点，其位置不是用直角坐标(x,y,z)来表示，而是用另外三个有序数(q_1,q_2,q_3)来表示.就是说，每三个有序数(q_1,q_2,q_3)就确定一个空间点；反之，空间里的每一点都对应着三个这样的有序数，则称(q_1,q_2,q_3)为空间点的**曲线坐标**.

显然，每个曲线坐标(q_1,q_2,q_3)都是空间点的单值函数，由于空间点又可用直角坐标(x,y,z)来确定，所以每个曲线坐标q_1,q_2,q_3也都是直角坐标(x,y,z)的单值函数

$$q_1=q_1(x,y,z),\quad q_2=q_2(x,y,z),\quad q_3=q_3(x,y,z).\tag{1.1}$$

反过来，每个直角坐标(x,y,z)也都是曲线坐标(q_1,q_2,q_3)的单值函数：

$$x=x(q_1,q_2,q_3),\quad y=y(q_1,q_2,q_3),\quad z=z(q_1,q_2,q_3).\tag{1.2}$$

容易看出，下面的三个方程

$$q_1(x,y,z)=c_1,q_2(x,y,z)=c_2,q_3(x,y,z)=c_3\tag{1.3}$$

（其中c_1,c_2,c_3为常数）分别表示函数$q_1(x,y,z),q_2(x,y,z),q_3(x,y,z)$的等值曲面；给$c_1,c_2,c_3$以不同的数值，就得到三族等值曲面，这三族等值曲面都称为**坐标曲面**.由于$q_1(x,y,z),q_2(x,y,z),q_3(x,y,z)$为单值函数，所以在空间的每一点，三族坐标曲面中之每一族，都有且仅有一张坐标曲面通过.

此外，在不同族的坐标曲面之间，两两相交而成的曲线，称为**坐标曲线**.在由坐标曲面

$$q_2(x,y,z)=c_2\text{ 与 }q_3(x,y,z)=c_3$$

相交而成的坐标曲线上，因 q_2 与 q_3 分别保持常数值 c_2 与 c_3，只有 q_1 在变化，所以我们称此曲线为**坐标曲线** q_1 或简称 q_1 **曲线**；同理，由

$$q_1(x,y,z)=c_1 \text{ 与 } q_3(x,y,z)=c_3$$

或

$$q_1(x,y,z)=c_1 \text{ 与 } q_2(x,y,z)=c_2$$

相交而成的坐标曲线，顺次称为**坐标曲线** q_2 与**坐标曲线** q_3 或简称 q_2 **曲线**与 q_3 **曲线**，如图 4-1 所示.

以后，我们假定在空间里的任一点 M 处，坐标曲线都互相正交（即各坐标曲线在该点的切线互相正交）；此时，相应地各坐标曲面也互相正交（即各坐标曲面在相交点处的法线互相正交）. 这种坐标系，称为**正交曲线坐标系**.

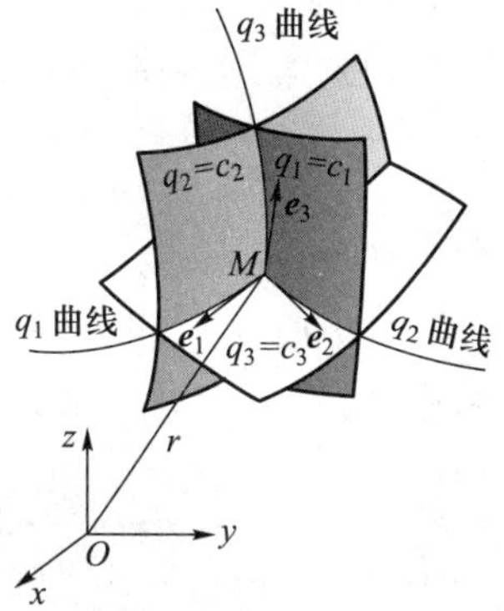

图 4-1

另外，我们用 $\boldsymbol{e}_1,\boldsymbol{e}_2,\boldsymbol{e}_3$ 依次表示通过空间一点 M 的坐标曲线 q_1,q_2,q_3 在点 M 处的切线单位矢量，同时，也依次是通过 M 点的坐标曲面 $q_1=c_1,q_2=c_2,q_3=c_3$（c_1,c_2,c_3 为常数）在点 M 处的法线单位矢量，分别指向 q_1,q_2,q_3 增大的一方. 在点 M 处，它们的相互位置关系，除由上述知其彼此正交外，还假定它们的正方向之间构成右手坐标系，即有 $\boldsymbol{e}_1\times\boldsymbol{e}_2=\boldsymbol{e}_3$ 成立. 据此，亦称坐标系为**右手坐标系**，如图 4-1.

要注意的是：在曲线坐标系中，单位矢量 $\boldsymbol{e}_1,\boldsymbol{e}_2,\boldsymbol{e}_3$ 的方向是随点 M 的变化而变化的. 因此，单位矢量 $\boldsymbol{e}_1,\boldsymbol{e}_2,\boldsymbol{e}_3$ 都是依赖于点 M 的矢性函数；而普通直角坐标系中沿坐标轴方向上的单位矢量 $\boldsymbol{i},\boldsymbol{j},\boldsymbol{k}$ 则为常矢. 这是曲线坐标系与普通直角坐标系的根本区别.

有了单位矢量 $\boldsymbol{e}_1,\boldsymbol{e}_2,\boldsymbol{e}_3$ 后，在点 M 处的任一矢量 $\boldsymbol{A}$，都可以表示为

$$\boldsymbol{A}=A_1\boldsymbol{e}_1+A_2\boldsymbol{e}_2+A_3\boldsymbol{e}_3, \tag{1.4}$$

其中 A_1,A_2,A_3 依次是矢量 $\boldsymbol{A}$ 在 $\boldsymbol{e}_1,\boldsymbol{e}_2,\boldsymbol{e}_3$ 方向上的投影.

由此，我们可以证明：两个矢量

$$\boldsymbol{A}=A_1\boldsymbol{e}_1+A_2\boldsymbol{e}_2+A_3\boldsymbol{e}_3,\quad \boldsymbol{B}=B_1\boldsymbol{e}_1+B_2\boldsymbol{e}_2+B_3\boldsymbol{e}_3$$

的数量积

$$\boldsymbol{A}\cdot\boldsymbol{B}=A_1B_1+A_2B_2+A_3B_3 \tag{1.5}$$

及矢量积

$$\boldsymbol{A}\times\boldsymbol{B}=(A_2B_3-A_3B_2)\boldsymbol{e}_1+(A_3B_1-A_1B_3)\boldsymbol{e}_2+(A_1B_2-A_2B_1)\boldsymbol{e}_3$$

$$= \begin{vmatrix} \boldsymbol{e}_1 & \boldsymbol{e}_2 & \boldsymbol{e}_3 \\ A_1 & A_2 & A_3 \\ B_1 & B_2 & B_3 \end{vmatrix}. \tag{1.6}$$

第二节　正交曲线坐标系中的弧微分

1. 坐标曲线的弧微分

我们知道,空间曲线在其上一点 $M(x,y,z)$ 处的弧微分,有如下的公式

$$\mathrm{d}s = \pm\sqrt{(\mathrm{d}x)^2 + (\mathrm{d}y)^2 + (\mathrm{d}z)^2}, \tag{2.1}$$

其中 s 为曲线的弧长,x,y,z 都是曲线坐标 q_1,q_2,q_3 的函数.

对坐标曲线 q_1 来说,其上只有坐标 q_1 在变化,另外两个坐标 q_2 和 q_3 都保持不变,即有 $\mathrm{d}q_2=\mathrm{d}q_3=0$.所以

$$\mathrm{d}x = \frac{\partial x}{\partial q_1}\mathrm{d}q_1 + \frac{\partial x}{\partial q_2}\mathrm{d}q_2 + \frac{\partial x}{\partial q_3}\mathrm{d}q_3 = \frac{\partial x}{\partial q_1}\mathrm{d}q_1,$$

同样

$$\mathrm{d}y = \frac{\partial y}{\partial q_1}\mathrm{d}q_1, \quad \mathrm{d}z = \frac{\partial z}{\partial q_1}\mathrm{d}q_1.$$

如用 $\mathrm{d}s_1$ 表示坐标曲线 q_1 的弧微分,则有

$$\mathrm{d}s_1 = \pm\sqrt{\left(\frac{\partial x}{\partial q_1}\mathrm{d}q_1\right)^2 + \left(\frac{\partial y}{\partial q_1}\mathrm{d}q_1\right)^2 + \left(\frac{\partial z}{\partial q_1}\mathrm{d}q_1\right)^2}.$$

通常取坐标曲线弧长增大的方向与对应的曲线坐标增大时坐标曲线的走向一致.这样,$\mathrm{d}s_1$ 与 $\mathrm{d}q_1$ 就有相同的正负号.从而有

$$\mathrm{d}s_1 = \sqrt{\left(\frac{\partial x}{\partial q_1}\right)^2 + \left(\frac{\partial y}{\partial q_1}\right)^2 + \left(\frac{\partial z}{\partial q_1}\right)^2}\,\mathrm{d}q_1.$$

同理,坐标曲线 q_2 和 q_3 的弧微分依次为

$$\mathrm{d}s_2 = \sqrt{\left(\frac{\partial x}{\partial q_2}\right)^2 + \left(\frac{\partial y}{\partial q_2}\right)^2 + \left(\frac{\partial z}{\partial q_2}\right)^2}\,\mathrm{d}q_2,$$

$$\mathrm{d}s_3 = \sqrt{\left(\frac{\partial x}{\partial q_3}\right)^2 + \left(\frac{\partial y}{\partial q_3}\right)^2 + \left(\frac{\partial z}{\partial q_3}\right)^2}\,\mathrm{d}q_3.$$

若令

$$H_i = \sqrt{\left(\frac{\partial x}{\partial q_i}\right)^2 + \left(\frac{\partial y}{\partial q_i}\right)^2 + \left(\frac{\partial z}{\partial q_i}\right)^2} \quad (i = 1,2,3), \tag{2.2}$$

则

$$\mathrm{d}s_i = H_i \mathrm{d}q_i \quad (i = 1,2,3), \tag{2.3}$$

右边 $\mathrm{d}q_i$ 前面的系数 H_i $(i=1,2,3)$ 叫做坐标系的拉梅(G.Lamé)系数.由(2.2)式可以看出,它们都是点 M 的坐标 (q_1,q_2,q_3) 的函数.

拉梅系数在正交曲线坐标系中至为重要,后面将看到,其使用甚广,我们宜加注意.

在曲线坐标系为正交的条件下,在一点 M 处,由三对坐标曲面围成的微小立体(图 4-2),可近似地看作以 $\mathrm{d}s_1,\mathrm{d}s_2,\mathrm{d}s_3$ 为棱长的长方体,从而在正交曲线坐标系中,体积元素是

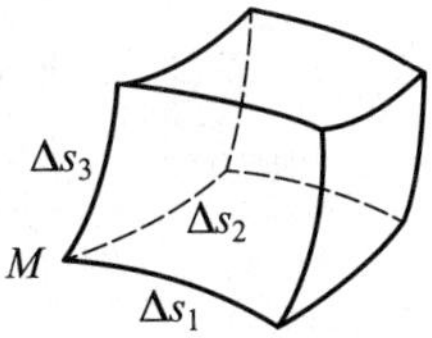

图 4-2

$$\mathrm{d}V = \mathrm{d}s_1\mathrm{d}s_2\mathrm{d}s_3 = H_1H_2H_3\mathrm{d}q_1\mathrm{d}q_2\mathrm{d}q_3. \tag{2.4}$$

同理,通过点 M 的三张坐标曲面 $q_1=c_1, q_2=c_2, q_3=c_3$ (c_1,c_2,c_3 为常数)在点 M 的面积元素依次是

$$\begin{cases} \mathrm{d}S_{23} = \mathrm{d}s_2\mathrm{d}s_3 = H_2H_3\mathrm{d}q_2\mathrm{d}q_3, \\ \mathrm{d}S_{13} = \mathrm{d}s_1\mathrm{d}s_3 = H_1H_3\mathrm{d}q_1\mathrm{d}q_3, \\ \mathrm{d}S_{12} = \mathrm{d}s_1\mathrm{d}s_2 = H_1H_2\mathrm{d}q_1\mathrm{d}q_2. \end{cases} \tag{2.5}$$

2. 一般曲线的弧微分

现在我们来证明:在曲线坐标系为正交的条件下,一般曲线的弧微分 $\mathrm{d}s$ 与坐标曲线的弧微分 $\mathrm{d}s_1,\mathrm{d}s_2,\mathrm{d}s_3$ 之间有如下关系:

$$(\mathrm{d}s)^2 = (\mathrm{d}s_1)^2 + (\mathrm{d}s_2)^2 + (\mathrm{d}s_3)^2. \tag{2.6}$$

证　设空间一点 M 的矢径为

$$\boldsymbol{r} = x\boldsymbol{i} + y\boldsymbol{j} + z\boldsymbol{k},$$

其中 x,y,z 都是曲线坐标 q_1,q_2,q_3 的函数.由导矢的几何意义,可知 $\boldsymbol{r}$ 对 q_i 的导矢

$$\frac{\partial \boldsymbol{r}}{\partial q_i} = \frac{\partial x}{\partial q_i}\boldsymbol{i} + \frac{\partial y}{\partial q_i}\boldsymbol{j} + \frac{\partial z}{\partial q_i}\boldsymbol{k} \quad (i = 1,2,3) \tag{2.7}$$

为在点 M 处仅当 q_i 变化时,$\boldsymbol{r}$ 的矢端曲线上的一个切向矢量,且指向 q_i 增大的一方.不难看出,这条矢端曲线就是一条坐标曲线 q_i,因此,导矢 $\dfrac{\partial \boldsymbol{r}}{\partial q_i}$ 就与其上的

切线单位矢量 $\boldsymbol{e}_i$ 平行且同指向.又由上式可以看出

$$\left|\frac{\partial \boldsymbol{r}}{\partial q_i}\right| = H_i \quad (i = 1,2,3),$$

所以$\frac{\partial \boldsymbol{r}}{\partial q_i}$又可以写成

$$\frac{\partial \boldsymbol{r}}{\partial q_i} = H_i \boldsymbol{e}_i \quad (i = 1,2,3). \tag{2.8}$$

因此,在坐标系为正交的条件下,就有

$$\frac{\partial \boldsymbol{r}}{\partial q_i} \cdot \frac{\partial \boldsymbol{r}}{\partial q_j} = \begin{cases} 0, & i \neq j, \\ H_i^2, & i = j \end{cases} \quad (i,j = 1,2,3),$$

从而

$$\begin{aligned}
(\mathrm{d}s)^2 &= (\mathrm{d}x)^2 + (\mathrm{d}y)^2 + (\mathrm{d}z)^2 \\
&= \left(\frac{\partial x}{\partial q_1}\mathrm{d}q_1 + \frac{\partial x}{\partial q_2}\mathrm{d}q_2 + \frac{\partial x}{\partial q_3}\mathrm{d}q_3\right)^2 + \left(\frac{\partial y}{\partial q_1}\mathrm{d}q_1 + \frac{\partial y}{\partial q_2}\mathrm{d}q_2 + \frac{\partial y}{\partial q_3}\mathrm{d}q_3\right)^2 + \\
&\quad \left(\frac{\partial z}{\partial q_1}\mathrm{d}q_1 + \frac{\partial z}{\partial q_2}\mathrm{d}q_2 + \frac{\partial z}{\partial q_3}\mathrm{d}q_3\right)^2 \\
&= H_1^2(\mathrm{d}q_1)^2 + H_2^2(\mathrm{d}q_2)^2 + H_3^2(\mathrm{d}q_3)^2 + 2\frac{\partial \boldsymbol{r}}{\partial q_1} \cdot \frac{\partial \boldsymbol{r}}{\partial q_2}\mathrm{d}q_1\mathrm{d}q_2 + \\
&\quad 2\frac{\partial \boldsymbol{r}}{\partial q_1} \cdot \frac{\partial \boldsymbol{r}}{\partial q_3}\mathrm{d}q_1\mathrm{d}q_3 + 2\frac{\partial \boldsymbol{r}}{\partial q_2} \cdot \frac{\partial \boldsymbol{r}}{\partial q_3}\mathrm{d}q_2\mathrm{d}q_3 \\
&= (\mathrm{d}s_1)^2 + (\mathrm{d}s_2)^2 + (\mathrm{d}s_3)^2 + 0 + 0 + 0 \\
&= (\mathrm{d}s_1)^2 + (\mathrm{d}s_2)^2 + (\mathrm{d}s_3)^2.
\end{aligned}$$

在此证明中,我们还可以看到直角坐标(x,y,z)与正交曲线坐标(q_1,q_2,q_3)的微分之间,有如下的平方和关系:

$$(\mathrm{d}x)^2 + (\mathrm{d}y)^2 + (\mathrm{d}z)^2 = H_1^2(\mathrm{d}q_1)^2 + H_2^2(\mathrm{d}q_2)^2 + H_3^2(\mathrm{d}q_3)^2. \tag{2.9}$$

这个关系又给我们提供了一种计算拉梅系数 H_i 的方法,它比直接应用 H_i 的定义式(2.2)来计算,有时还要方便些,参看下面的例 2.

3. 在正交曲线坐标系中矢量 $\boldsymbol{e}_1,\boldsymbol{e}_2,\boldsymbol{e}_3$ 与矢量 $\boldsymbol{i},\boldsymbol{j},\boldsymbol{k}$ 之间的关系

由(2.8)式有

$$\boldsymbol{e}_i = \frac{1}{H_i}\frac{\partial \boldsymbol{r}}{\partial q_i}$$

$$= \frac{1}{H_i}\frac{\partial x}{\partial q_i}\boldsymbol{i} + \frac{1}{H_i}\frac{\partial y}{\partial q_i}\boldsymbol{j} + \frac{1}{H_i}\frac{\partial z}{\partial q_i}\boldsymbol{k} \quad (i = 1,2,3).$$

令

$$\alpha_i = \frac{1}{H_i}\frac{\partial x}{\partial q_i},\quad \beta_i = \frac{1}{H_i}\frac{\partial y}{\partial q_i},\quad \gamma_i = \frac{1}{H_i}\frac{\partial z}{\partial q_i} \quad (i = 1,2,3), \tag{2.10}$$

则

$$\boldsymbol{e}_i = \alpha_i\boldsymbol{i} + \beta_i\boldsymbol{j} + \gamma_i\boldsymbol{k} \quad (i = 1,2,3). \tag{2.11}$$

可见 $\alpha_i,\beta_i,\gamma_i$ 为矢量 $\boldsymbol{e}_i$ $(i=1,2,3)$ 在直角坐标系中的方向余弦,从而就是 $\boldsymbol{e}_i$ 依次与 $\boldsymbol{i},\boldsymbol{j},\boldsymbol{k}$ 之间夹角的余弦.

(2.11)式是矢量 $\boldsymbol{e}_1,\boldsymbol{e}_2,\boldsymbol{e}_3$ 在直角坐标系中的表示式.由它可以列出如下的表 4-1:

表 4-1　矢量 $\boldsymbol{e}_1,\boldsymbol{e}_2,\boldsymbol{e}_3$ 与矢量 $\boldsymbol{i},\boldsymbol{j},\boldsymbol{k}$ 之间的关系

	$\boldsymbol{i}$	$\boldsymbol{j}$	$\boldsymbol{k}$
$\boldsymbol{e}_1$	α_1	β_1	γ_1
$\boldsymbol{e}_2$	α_2	β_2	γ_2
$\boldsymbol{e}_3$	α_3	β_3	γ_3

从表 4-1 又可得到矢量 $\boldsymbol{i},\boldsymbol{j},\boldsymbol{k}$ 在正交曲线坐标系中的表示式为

$$\begin{aligned}
\boldsymbol{i} &= \frac{1}{H_1}\frac{\partial x}{\partial q_1}\boldsymbol{e}_1 + \frac{1}{H_2}\frac{\partial x}{\partial q_2}\boldsymbol{e}_2 + \frac{1}{H_3}\frac{\partial x}{\partial q_3}\boldsymbol{e}_3,\\
\boldsymbol{j} &= \frac{1}{H_1}\frac{\partial y}{\partial q_1}\boldsymbol{e}_1 + \frac{1}{H_2}\frac{\partial y}{\partial q_2}\boldsymbol{e}_2 + \frac{1}{H_3}\frac{\partial y}{\partial q_3}\boldsymbol{e}_3,\\
\boldsymbol{k} &= \frac{1}{H_1}\frac{\partial z}{\partial q_1}\boldsymbol{e}_1 + \frac{1}{H_2}\frac{\partial z}{\partial q_2}\boldsymbol{e}_2 + \frac{1}{H_3}\frac{\partial z}{\partial q_3}\boldsymbol{e}_3.
\end{aligned} \tag{2.12}$$

现在来研究正交曲线坐标系中,最常见的柱面坐标系和球面坐标系.现分述如下:

(1) 柱面坐标系

点 M 在空间的**柱面坐标**(亦称圆柱坐标),是这样三个有序数(ρ,φ,z),其中 ρ 是点 M 到 Oz 轴的距离,φ 是过点 M 且以 Oz 轴为界的半平面与 xOz 平面之间的夹角(如图 4-3 所示),z 就是点 M 在其直角坐标(x,y,z)中的 z 坐标.而

且ρ,φ,z的变化范围是

$$0 \leqslant \rho < +\infty, \quad 0 \leqslant \varphi \leqslant 2\pi, \quad -\infty < z < +\infty.$$

在柱面坐标系中,坐标曲面是

ρ=常数——以Oz轴为轴的圆柱面,

φ=常数——以Oz轴为界的半平面,

z=常数——平行于xOy平面的平面.

坐标曲线是:ρ曲线,φ曲线,z曲线,如图4-3.

根据上述,我们容易得到点M的直角坐标与柱面坐标之间的如下关系:

$$x=\rho\cos\varphi, \quad y=\rho\sin\varphi, \quad z=z. \tag{2.13}$$

(2) 球面坐标系

点M在空间的**球面坐标**(亦称球坐标)是这样三个有序数(r,θ,φ),其中r是点M到原点的距离,θ是有向线段$\overline{OM}$与Oz轴正向之间的夹角,φ为过点M且以Oz轴为界的半平面与xOz平面之间的夹角(如图4-4所示).而且r,θ,φ的变化范围是

$$0 \leqslant r < +\infty, \quad 0 \leqslant \theta \leqslant \pi, \quad 0 \leqslant \varphi \leqslant 2\pi.$$

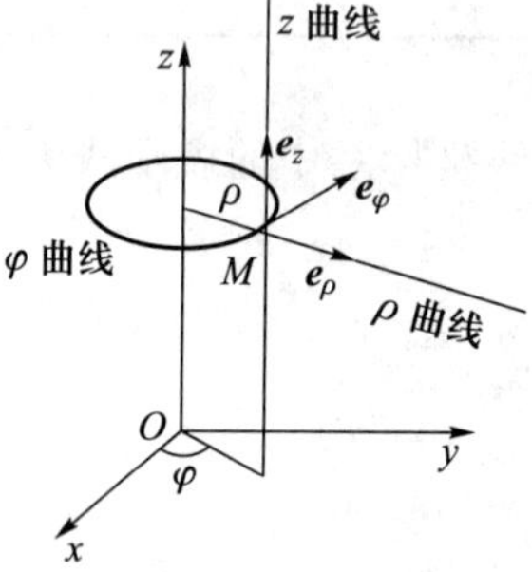

图 4-3

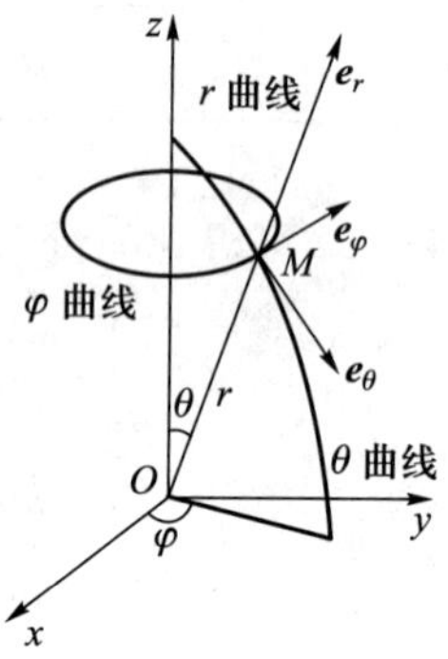

图 4-4

在球面坐标系中,坐标曲面是

r=常数——以原点O为中心的球面,

θ=常数——以Oz轴为轴的圆锥面,

φ=常数——以Oz轴为界的半平面.

坐标曲线是:r曲线,θ曲线,φ曲线,如图4-4.

根据上述,我们可以得到点M的直角坐标与球面坐标之间的如下

关系：

$$x=r\sin\theta\cos\varphi,\quad y=r\sin\theta\sin\varphi,\quad z=r\cos\theta. \tag{2.14}$$

例 1　证明柱面坐标系和球面坐标系都是正交曲线坐标系.

这里我们仅证明球面坐标系是正交的,柱面坐标系的正交性留给读者自己证明.

证　在本节第 2 段对(2.6)式的证明中,曾讲到$\dfrac{\partial \boldsymbol{r}}{\partial q_i}(i=1,2,3)$为坐标曲线$q_i$上的一切向矢量.我们就可据此来判别一个具体的曲线坐标系(q_1,q_2,q_3)的正交性,即若能同时成立

$$\frac{\partial \boldsymbol{r}}{\partial q_1}\cdot\frac{\partial \boldsymbol{r}}{\partial q_2}=0,\quad \frac{\partial \boldsymbol{r}}{\partial q_1}\cdot\frac{\partial \boldsymbol{r}}{\partial q_3}=0,\quad \frac{\partial \boldsymbol{r}}{\partial q_2}\cdot\frac{\partial \boldsymbol{r}}{\partial q_3}=0, \tag{2.15}$$

则此曲线坐标系就是正交的;否则,就不是正交的.

在球面坐标系中,

$$\begin{aligned}\boldsymbol{r}&=x\boldsymbol{i}+y\boldsymbol{j}+z\boldsymbol{k}\\&=r\sin\theta\cos\varphi\boldsymbol{i}+r\sin\theta\sin\varphi\boldsymbol{j}+r\cos\theta\boldsymbol{k}.\end{aligned}$$

$$\frac{\partial \boldsymbol{r}}{\partial r}=\sin\theta\cos\varphi\boldsymbol{i}+\sin\theta\sin\varphi\boldsymbol{j}+\cos\theta\boldsymbol{k},$$

$$\frac{\partial \boldsymbol{r}}{\partial \theta}=r\cos\theta\cos\varphi\boldsymbol{i}+r\cos\theta\sin\varphi\boldsymbol{j}-r\sin\theta\boldsymbol{k},$$

$$\frac{\partial \boldsymbol{r}}{\partial \varphi}=-r\sin\theta\sin\varphi\boldsymbol{i}+r\sin\theta\cos\varphi\boldsymbol{j}+0\boldsymbol{k}.$$

由此有

$$\frac{\partial \boldsymbol{r}}{\partial r}\cdot\frac{\partial \boldsymbol{r}}{\partial \theta}=0,\quad \frac{\partial \boldsymbol{r}}{\partial r}\cdot\frac{\partial \boldsymbol{r}}{\partial \varphi}=0,\quad \frac{\partial \boldsymbol{r}}{\partial \theta}\cdot\frac{\partial \boldsymbol{r}}{\partial \varphi}=0,$$

(2.15)式成立,所以球面坐标系是正交的.

例 2　求柱面坐标系(ρ,φ,z)和球面坐标系(r,θ,φ)的拉梅系数.

解　用拉梅系数的定义式(2.2),不难算出:

柱面坐标系的拉梅系数为

$$H_\rho=1,\quad H_\varphi=\rho,\quad H_z=1. \tag{2.16}$$

球面坐标系的拉梅系数为

$$H_r=1,\quad H_\theta=r,\quad H_\varphi=r\sin\theta. \tag{2.17}$$

由于柱面坐标系和球面坐标系都是正交的,故亦可用公式(2.9)来计算.

作为例子，下面就用此公式再计算本例的拉梅系数.

在柱面坐标系中，

$$x=\rho\cos\varphi,\quad y=\rho\sin\varphi,\quad z=z,$$

$$\mathrm{d}x=\cos\varphi\mathrm{d}\rho-\rho\sin\varphi\mathrm{d}\varphi,$$

$$\mathrm{d}y=\sin\varphi\mathrm{d}\rho+\rho\cos\varphi\mathrm{d}\varphi,$$

$$\mathrm{d}z=\mathrm{d}z.$$

于是

$$(\mathrm{d}x)^2+(\mathrm{d}y)^2+(\mathrm{d}z)^2=(\mathrm{d}\rho)^2+\rho^2(\mathrm{d}\varphi)^2+(\mathrm{d}z)^2.$$

据公式(2.9)即知

$$H_\rho=1,\quad H_\varphi=\rho,\quad H_z=1.$$

在球面坐标系中，

$$x=r\sin\theta\cos\varphi,\quad y=r\sin\theta\sin\varphi,\quad z=r\cos\theta.$$

$$\mathrm{d}x=\sin\theta\cos\varphi\mathrm{d}r+r\cos\theta\cos\varphi\mathrm{d}\theta-r\sin\theta\sin\varphi\mathrm{d}\varphi,$$

$$\mathrm{d}y=\sin\theta\sin\varphi\mathrm{d}r+r\cos\theta\sin\varphi\mathrm{d}\theta+r\sin\theta\cos\varphi\mathrm{d}\varphi,$$

$$\mathrm{d}z=\cos\theta\mathrm{d}r-r\sin\theta\mathrm{d}\theta,$$

于是

$$(\mathrm{d}x)^2+(\mathrm{d}y)^2+(\mathrm{d}z)^2=(\mathrm{d}r)^2+r^2(\mathrm{d}\theta)^2+r^2\sin^2\theta(\mathrm{d}\varphi)^2.$$

由此即知

$$H_r=1,\quad H_\theta=r,\quad H_\varphi=r\sin\theta.$$

由上述结果，可知在柱面坐标系和球面坐标系中的体积元素依次为

$$\mathrm{d}V=H_\rho H_\varphi H_z\mathrm{d}\rho\mathrm{d}\varphi\mathrm{d}z=\rho\mathrm{d}\rho\mathrm{d}\varphi\mathrm{d}z,\tag{2.18}$$

$$\mathrm{d}V=H_rH_\theta H_\varphi\mathrm{d}r\mathrm{d}\theta\mathrm{d}\varphi=r^2\sin\theta\mathrm{d}r\mathrm{d}\theta\mathrm{d}\varphi,\tag{2.19}$$

这是在三重积分中常常用到的.

例 3　列出柱面坐标系中的矢量 $\boldsymbol{e}_\rho,\boldsymbol{e}_\varphi,\boldsymbol{e}_z$ 与球面坐标系中的矢量 $\boldsymbol{e}_r,\boldsymbol{e}_\theta,\boldsymbol{e}_\varphi$ 和矢量 $\boldsymbol{i},\boldsymbol{j},\boldsymbol{k}$ 之间的关系表.

解　(1) 在柱面坐标系中，

$$x=\rho\cos\varphi,\quad y=\rho\sin\varphi,\quad z=z,$$

因此有

$$\frac{\partial x}{\partial\rho}=\cos\varphi,\quad\frac{\partial y}{\partial\rho}=\sin\varphi,\quad\frac{\partial z}{\partial\rho}=0,$$

$$\frac{\partial x}{\partial\varphi}=-\rho\sin\varphi,\quad\frac{\partial y}{\partial\varphi}=\rho\cos\varphi,\quad\frac{\partial z}{\partial\varphi}=0,$$

$$\frac{\partial x}{\partial z}=0,\quad \frac{\partial y}{\partial z}=0,\quad \frac{\partial z}{\partial z}=1.$$

由例 2 知,拉梅系数

$$H_\rho=1,\quad H_\varphi=\rho,\quad H_z=1.$$

据此,按表 4-1 和(2.10)式,可列出如下的表 4-2:

表 4-2　矢量 $\boldsymbol{e}_\rho,\boldsymbol{e}_\varphi,\boldsymbol{e}_z$ 和矢量 $\boldsymbol{i},\boldsymbol{j},\boldsymbol{k}$ 之间的关系

	$\boldsymbol{i}$	$\boldsymbol{j}$	$\boldsymbol{k}$
$\boldsymbol{e}_\rho$	$\cos\varphi$	$\sin\varphi$	0
$\boldsymbol{e}_\varphi$	$-\sin\varphi$	$\cos\varphi$	0
$\boldsymbol{e}_z$	0	0	1

(2) 在球面坐标系中,

$$x=r\sin\theta\cos\varphi,\quad y=r\sin\theta\sin\varphi,\quad z=r\cos\theta,$$

因此有

$$\frac{\partial x}{\partial r}=\sin\theta\cos\varphi,\quad \frac{\partial y}{\partial r}=\sin\theta\sin\varphi,\quad \frac{\partial z}{\partial r}=\cos\theta,$$

$$\frac{\partial x}{\partial\theta}=r\cos\theta\cos\varphi,\quad \frac{\partial y}{\partial\theta}=r\cos\theta\sin\varphi,\quad \frac{\partial z}{\partial\theta}=-r\sin\theta,$$

$$\frac{\partial x}{\partial\varphi}=-r\sin\theta\sin\varphi,\quad \frac{\partial y}{\partial\varphi}=r\sin\theta\cos\varphi,\quad \frac{\partial z}{\partial\varphi}=0.$$

由例 2 知,拉梅系数

$$H_r=1,\quad H_\theta=r,\quad H_\varphi=r\sin\theta.$$

据此,按表 4-1 和(2.10)式,可列出如下的表 4-3:

表 4-3　矢量 $\boldsymbol{e}_r,\boldsymbol{e}_\theta,\boldsymbol{e}_\varphi$ 和矢量 $\boldsymbol{i},\boldsymbol{j},\boldsymbol{k}$ 之间的关系

	$\boldsymbol{i}$	$\boldsymbol{j}$	$\boldsymbol{k}$
$\boldsymbol{e}_r$	$\sin\theta\cos\varphi$	$\sin\theta\sin\varphi$	$\cos\theta$
$\boldsymbol{e}_\theta$	$\cos\theta\cos\varphi$	$\cos\theta\sin\varphi$	$-\sin\theta$
$\boldsymbol{e}_\varphi$	$-\sin\varphi$	$\cos\varphi$	0

例 4　求矢量 $\boldsymbol{A}=yz\boldsymbol{i}+xz\boldsymbol{j}+2xy\boldsymbol{k}$ 在柱面坐标系中的表示式.

解　在柱面坐标系中，$x=\rho\cos\varphi$，$y=\rho\sin\varphi$，$z=z$. 又由表 4-2 知道：

$$\boldsymbol{i}=\cos\varphi\boldsymbol{e}_\rho-\sin\varphi\boldsymbol{e}_\varphi,\quad \boldsymbol{j}=\sin\varphi\boldsymbol{e}_\rho+\cos\varphi\boldsymbol{e}_\varphi,\quad \boldsymbol{k}=\boldsymbol{e}_z,$$

于是有

$$\begin{aligned}\boldsymbol{A}&=\rho z\sin\varphi(\cos\varphi\boldsymbol{e}_\rho-\sin\varphi\boldsymbol{e}_\varphi)+\rho z\cos\varphi(\sin\varphi\boldsymbol{e}_\rho+\\&\quad\cos\varphi\boldsymbol{e}_\varphi)+2\rho^2\cos\varphi\sin\varphi\boldsymbol{e}_z\\&=\rho z\sin 2\varphi\boldsymbol{e}_\rho+\rho z\cos 2\varphi\boldsymbol{e}_\varphi+\rho^2\sin 2\varphi\boldsymbol{e}_z.\end{aligned}$$

第三节　在正交曲线坐标系中梯度、散度、旋度与调和量的表示式

1. 梯度的表示式

我们知道数量场 $u=u(x,y,z)$ 在场中一点 $M(x,y,z)$ 处的梯度

$$\mathbf{grad}\,u=\frac{\partial u}{\partial x}\boldsymbol{i}+\frac{\partial u}{\partial y}\boldsymbol{j}+\frac{\partial u}{\partial z}\boldsymbol{k},$$

现在将其作坐标变换：取

$$x=x(q_1,q_2,q_3),\quad y=y(q_1,q_2,q_3),\quad z=z(q_1,q_2,q_3),$$

其中 (q_1,q_2,q_3) 为一正交曲线坐标系的坐标. 同时，对其中的矢量 $\boldsymbol{i},\boldsymbol{j},\boldsymbol{k}$ 按本章的 (2.12) 式直接将其换为它们在正交曲线坐标系 (q_1,q_2,q_3) 中的表示式. 如此，则

$$\begin{aligned}\mathbf{grad}\,u&=\frac{\partial u}{\partial x}\left(\frac{1}{H_1}\frac{\partial x}{\partial q_1}\boldsymbol{e}_1+\frac{1}{H_2}\frac{\partial x}{\partial q_2}\boldsymbol{e}_2+\frac{1}{H_3}\frac{\partial x}{\partial q_3}\boldsymbol{e}_3\right)+\\&\quad\frac{\partial u}{\partial y}\left(\frac{1}{H_1}\frac{\partial y}{\partial q_1}\boldsymbol{e}_1+\frac{1}{H_2}\frac{\partial y}{\partial q_2}\boldsymbol{e}_2+\frac{1}{H_3}\frac{\partial y}{\partial q_3}\boldsymbol{e}_3\right)+\\&\quad\frac{\partial u}{\partial z}\left(\frac{1}{H_1}\frac{\partial z}{\partial q_1}\boldsymbol{e}_1+\frac{1}{H_2}\frac{\partial z}{\partial q_2}\boldsymbol{e}_2+\frac{1}{H_3}\frac{\partial z}{\partial q_3}\boldsymbol{e}_3\right)\\&=\frac{1}{H_1}\left(\frac{\partial u}{\partial x}\frac{\partial x}{\partial q_1}+\frac{\partial u}{\partial y}\frac{\partial y}{\partial q_1}+\frac{\partial u}{\partial z}\frac{\partial z}{\partial q_1}\right)\boldsymbol{e}_1+\\&\quad\frac{1}{H_2}\left(\frac{\partial u}{\partial x}\frac{\partial x}{\partial q_2}+\frac{\partial u}{\partial y}\frac{\partial y}{\partial q_2}+\frac{\partial u}{\partial z}\frac{\partial z}{\partial q_2}\right)\boldsymbol{e}_2+\\&\quad\frac{1}{H_3}\left(\frac{\partial u}{\partial x}\frac{\partial x}{\partial q_3}+\frac{\partial u}{\partial y}\frac{\partial y}{\partial q_3}+\frac{\partial u}{\partial z}\frac{\partial z}{\partial q_3}\right)\boldsymbol{e}_3.\end{aligned}$$

按多元复合函数求导法则,就得到

$$\mathbf{grad}\ u=\frac{1}{H_1}\ \frac{\partial u}{\partial q_1}\boldsymbol{e}_1+\frac{1}{H_2}\ \frac{\partial u}{\partial q_2}\boldsymbol{e}_2+\frac{1}{H_3}\ \frac{\partial u}{\partial q_3}\boldsymbol{e}_3, \tag{3.1}$$

将此式写成

$$\nabla u=\left(\boldsymbol{e}_1\frac{1}{H_1}\ \frac{\partial}{\partial q_1}+\boldsymbol{e}_2\frac{1}{H_2}\ \frac{\partial}{\partial q_2}+\boldsymbol{e}_3\frac{1}{H_3}\ \frac{\partial}{\partial q_3}\right)u.$$

即可看出:在正交曲线坐标系中,算子∇的表示式为

$$\nabla=\boldsymbol{e}_1\frac{1}{H_1}\ \frac{\partial}{\partial q_1}+\boldsymbol{e}_2\frac{1}{H_2}\ \frac{\partial}{\partial q_2}+\boldsymbol{e}_3\frac{1}{H_3}\ \frac{\partial}{\partial q_3}. \tag{3.2}$$

引用这个算子,我们就能求出散度、旋度以及调和量在正交曲线坐标系中的表示式.但除此以外,还须用到坐标曲线上的切线单位矢量 $\boldsymbol{e}_1,\boldsymbol{e}_2,\boldsymbol{e}_3$ 对曲线坐标 q_1,q_2,q_3 的导数公式.我们将它列在下面,因其推证较繁,故从略①.

1) $\dfrac{\partial\boldsymbol{e}_1}{\partial q_1}=-\dfrac{\boldsymbol{e}_2}{H_2}\dfrac{\partial H_1}{\partial q_2}-\dfrac{\boldsymbol{e}_3}{H_3}\dfrac{\partial H_1}{\partial q_3}$,

2) $\dfrac{\partial\boldsymbol{e}_1}{\partial q_2}=\dfrac{\boldsymbol{e}_2}{H_1}\dfrac{\partial H_2}{\partial q_1}$,

3) $\dfrac{\partial\boldsymbol{e}_1}{\partial q_3}=\dfrac{\boldsymbol{e}_3}{H_1}\dfrac{\partial H_3}{\partial q_1}$,

4) $\dfrac{\partial\boldsymbol{e}_2}{\partial q_1}=\dfrac{\boldsymbol{e}_1}{H_2}\dfrac{\partial H_1}{\partial q_2}$,

5) $\dfrac{\partial\boldsymbol{e}_2}{\partial q_2}=-\dfrac{\boldsymbol{e}_3}{H_3}\dfrac{\partial H_2}{\partial q_3}-\dfrac{\boldsymbol{e}_1}{H_1}\dfrac{\partial H_2}{\partial q_1}$, (3.3)

6) $\dfrac{\partial\boldsymbol{e}_2}{\partial q_3}=\dfrac{\boldsymbol{e}_3}{H_2}\dfrac{\partial H_3}{\partial q_2}$,

7) $\dfrac{\partial\boldsymbol{e}_3}{\partial q_1}=\dfrac{\boldsymbol{e}_1}{H_3}\dfrac{\partial H_1}{\partial q_3}$,

8) $\dfrac{\partial\boldsymbol{e}_3}{\partial q_2}=\dfrac{\boldsymbol{e}_2}{H_3}\dfrac{\partial H_2}{\partial q_3}$,

---

① 对推证此公式有兴趣的读者,可参看《矢量分析与场论(第五版)学习辅导与习题全解》(谢树艺编).

9) $\dfrac{\partial \boldsymbol{e}_3}{\partial q_3}=-\dfrac{\boldsymbol{e}_1}{H_1}\dfrac{\partial H_3}{\partial q_1}-\dfrac{\boldsymbol{e}_2}{H_2}\dfrac{\partial H_3}{\partial q_2}$.

2. 散度的表示式

设矢量 $\boldsymbol{A}=A_1\boldsymbol{e}_1+A_2\boldsymbol{e}_2+A_3\boldsymbol{e}_3$,则

$$
\begin{aligned}
&\operatorname{div}\boldsymbol{A}\\
&=\nabla\cdot\boldsymbol{A}\\
&=\left(\boldsymbol{e}_1\frac{1}{H_1}\frac{\partial}{\partial q_1}+\boldsymbol{e}_2\frac{1}{H_2}\frac{\partial}{\partial q_2}+\boldsymbol{e}_3\frac{1}{H_3}\frac{\partial}{\partial q_3}\right)\cdot(A_1\boldsymbol{e}_1+A_2\boldsymbol{e}_2+A_3\boldsymbol{e}_3).
\end{aligned}
$$

应用导数公式(3.3),可得右端乘积如表 4-4:

表 4-4　$\nabla\cdot\boldsymbol{A}$ 的计算

(“·”乘)	$A_1\boldsymbol{e}_1$	$A_2\boldsymbol{e}_2$	$A_3\boldsymbol{e}_3$
$\boldsymbol{e}_1\dfrac{1}{H_1}\dfrac{\partial}{\partial q_1}$	$\dfrac{1}{H_1}\dfrac{\partial A_1}{\partial q_1}$	$\dfrac{A_2}{H_1H_2}\dfrac{\partial H_1}{\partial q_2}$	$\dfrac{A_3}{H_1H_3}\dfrac{\partial H_1}{\partial q_3}$
$\boldsymbol{e}_2\dfrac{1}{H_2}\dfrac{\partial}{\partial q_2}$	$\dfrac{A_1}{H_1H_2}\dfrac{\partial H_2}{\partial q_1}$	$\dfrac{1}{H_2}\dfrac{\partial A_2}{\partial q_2}$	$\dfrac{A_3}{H_2H_3}\dfrac{\partial H_2}{\partial q_3}$
$\boldsymbol{e}_3\dfrac{1}{H_3}\dfrac{\partial}{\partial q_3}$	$\dfrac{A_1}{H_1H_3}\dfrac{\partial H_3}{\partial q_1}$	$\dfrac{A_2}{H_2H_3}\dfrac{\partial H_3}{\partial q_2}$	$\dfrac{1}{H_3}\dfrac{\partial A_3}{\partial q_3}$

表 4-4 中的每一栏,都是按**先求导后“·”乘**的顺序算出来的.比如位于表 4-4 中左上角第一栏内的结果,就是这样算出来的:

$$
\begin{aligned}
&\left(\boldsymbol{e}_1\frac{1}{H_1}\frac{\partial}{\partial q_1}\right)\cdot(A_1\boldsymbol{e}_1)\\
&=\boldsymbol{e}_1\frac{1}{H_1}\cdot\frac{\partial}{\partial q_1}(A_1\boldsymbol{e}_1)\\
&=\boldsymbol{e}_1\frac{1}{H_1}\cdot\left(\frac{\partial A_1}{\partial q_1}\boldsymbol{e}_1+A_1\frac{\partial \boldsymbol{e}_1}{\partial q_1}\right)\\
&=\boldsymbol{e}_1\frac{1}{H_1}\cdot\left[\frac{\partial A_1}{\partial q_1}\boldsymbol{e}_1+A_1\left(-\frac{\boldsymbol{e}_2}{H_2}\frac{\partial H_1}{\partial q_2}-\frac{\boldsymbol{e}_3}{H_3}\frac{\partial H_1}{\partial q_3}\right)\right]
\end{aligned}
$$

$$= \frac{1}{H_1}\frac{\partial A_1}{\partial q_1} - 0 - 0 = \frac{1}{H_1}\frac{\partial A_1}{\partial q_1}.$$

其余类推，将此表的每个纵列合并后再相加，就得到

$$\operatorname{div} \boldsymbol{A} = \frac{1}{H_1H_2H_3}\left[\frac{\partial}{\partial q_1}(H_2H_3A_1) + \frac{\partial}{\partial q_2}(H_1H_3A_2) + \frac{\partial}{\partial q_3}(H_1H_2A_3)\right]. \quad (3.4)$$

3. 调和量的表示式

因为调和量 $\Delta u = (\operatorname{div} \nabla) u$. 由此得到

$$\Delta u = \frac{1}{H_1H_2H_3}\left[\frac{\partial}{\partial q_1}\left(\frac{H_2H_3}{H_1}\frac{\partial}{\partial q_1}\right) + \frac{\partial}{\partial q_2}\left(\frac{H_1H_3}{H_2}\frac{\partial}{\partial q_2}\right) + \frac{\partial}{\partial q_3}\left(\frac{H_1H_2}{H_3}\frac{\partial}{\partial q_3}\right)\right] u.$$

即有

$$\Delta u = \frac{1}{H_1H_2H_3}\left[\frac{\partial}{\partial q_1}\left(\frac{H_2H_3}{H_1}\frac{\partial u}{\partial q_1}\right) + \frac{\partial}{\partial q_2}\left(\frac{H_1H_3}{H_2}\frac{\partial u}{\partial q_2}\right) + \frac{\partial}{\partial q_3}\left(\frac{H_1H_2}{H_3}\frac{\partial u}{\partial q_3}\right)\right]. \quad (3.5)$$

由此可见，拉普拉斯算子 Δ 在正交曲线坐标系中的表示式为

$$\Delta = \frac{1}{H_1H_2H_3}\left[\frac{\partial}{\partial q_1}\left(\frac{H_2H_3}{H_1}\frac{\partial}{\partial q_1}\right) + \frac{\partial}{\partial q_2}\left(\frac{H_1H_3}{H_2}\frac{\partial}{\partial q_2}\right) + \frac{\partial}{\partial q_3}\left(\frac{H_1H_2}{H_3}\frac{\partial}{\partial q_3}\right)\right]. \quad (3.6)$$

4. 旋度的表示式

设矢量 $\boldsymbol{A} = A_1\boldsymbol{e}_1 + A_2\boldsymbol{e}_2 + A_3\boldsymbol{e}_3$，则

$$\begin{aligned} &\textbf{rot}\ \boldsymbol{A} \\ &= \nabla \times \boldsymbol{A} \\ &= \left(\boldsymbol{e}_1\frac{1}{H_1}\frac{\partial}{\partial q_1} + \boldsymbol{e}_2\frac{1}{H_2}\frac{\partial}{\partial q_2} + \boldsymbol{e}_3\frac{1}{H_3}\frac{\partial}{\partial q_3}\right) \times (A_1\boldsymbol{e}_1 + A_2\boldsymbol{e}_2 + A_3\boldsymbol{e}_3). \end{aligned}$$

应用导数公式(3.3)，可得右端乘积如表 4-5：

表 4-5　$\nabla\times\boldsymbol{A}$ 的计算

(“×”乘)	$A_1\boldsymbol{e}_1$	$A_2\boldsymbol{e}_2$	$A_3\boldsymbol{e}_3$
$\boldsymbol{e}_1\frac{1}{H_1}\frac{\partial}{\partial q_1}$	$-\frac{A_1}{H_1H_2}\frac{\partial H_1}{\partial q_2}\boldsymbol{e}_3 + \frac{A_1}{H_1H_3}\frac{\partial H_1}{\partial q_3}\boldsymbol{e}_2$	$\frac{1}{H_1}\frac{\partial A_2}{\partial q_1}\boldsymbol{e}_3$	$-\frac{1}{H_1}\frac{\partial A_3}{\partial q_1}\boldsymbol{e}_2$

续表

(“×”乘)	$A_1\boldsymbol{e}_1$	$A_2\boldsymbol{e}_2$	$A_3\boldsymbol{e}_3$
$\boldsymbol{e}_2\dfrac{1}{H_2}\dfrac{\partial}{\partial q_2}$	$-\dfrac{1}{H_2}\dfrac{\partial A_1}{\partial q_2}\boldsymbol{e}_3$	$-\dfrac{A_2}{H_2H_3}\dfrac{\partial H_2}{\partial q_3}\boldsymbol{e}_1+$ $\dfrac{A_2}{H_2H_1}\dfrac{\partial H_2}{\partial q_1}\boldsymbol{e}_3$	$\dfrac{1}{H_2}\dfrac{\partial A_3}{\partial q_2}\boldsymbol{e}_1$
$\boldsymbol{e}_3\dfrac{1}{H_3}\dfrac{\partial}{\partial q_3}$	$\dfrac{1}{H_3}\dfrac{\partial A_1}{\partial q_3}\boldsymbol{e}_2$	$-\dfrac{1}{H_3}\dfrac{\partial A_2}{\partial q_3}\boldsymbol{e}_1$	$-\dfrac{A_3}{H_3H_1}\dfrac{\partial H_3}{\partial q_1}\boldsymbol{e}_2+$ $\dfrac{A_3}{H_3H_2}\dfrac{\partial H_3}{\partial q_2}\boldsymbol{e}_1$

表 4-5 中的每一栏，都是按**先求导后**“×”**乘**的顺序算出来的. 比如位于表 4-5 中左上角第一栏内的结果，就是这样算出来的：

$$\begin{aligned}
&\left(\boldsymbol{e}_1\frac{1}{H_1}\frac{\partial}{\partial q_1}\right)\times(A_1\boldsymbol{e}_1)\\
&=\boldsymbol{e}_1\frac{1}{H_1}\times\frac{\partial}{\partial q_1}(A_1\boldsymbol{e}_1)\\
&=\boldsymbol{e}_1\frac{1}{H_1}\times\left(\frac{\partial A_1}{\partial q_1}\boldsymbol{e}_1+A_1\frac{\partial \boldsymbol{e}_1}{\partial q_1}\right)\\
&=\boldsymbol{e}_1\frac{1}{H_1}\times\left[\frac{\partial A_1}{\partial q_1}\boldsymbol{e}_1+A_1\left(-\frac{\boldsymbol{e}_2}{H_2}\frac{\partial H_1}{\partial q_2}-\frac{\boldsymbol{e}_3}{H_3}\frac{\partial H_1}{\partial q_3}\right)\right]\\
&=\boldsymbol{0}-\frac{A_1}{H_1H_2}\frac{\partial H_1}{\partial q_2}\boldsymbol{e}_3+\frac{A_1}{H_1H_3}\frac{\partial H_1}{\partial q_3}\boldsymbol{e}_2\\
&=-\frac{A_1}{H_1H_2}\frac{\partial H_1}{\partial q_2}\boldsymbol{e}_3+\frac{A_1}{H_1H_3}\frac{\partial H_1}{\partial q_3}\boldsymbol{e}_2.
\end{aligned}$$

其余类推. 将此表各 $\boldsymbol{e}_i\ (i=1,2,3)$ 的系数分别合并后再相加，就可得到

$$\mathbf{rot}\,\boldsymbol{A}=\frac{1}{H_2H_3}\left[\frac{\partial}{\partial q_2}(H_3A_3)-\frac{\partial}{\partial q_3}(H_2A_2)\right]\boldsymbol{e}_1+$$

$$\frac{1}{H_1H_3}\left[\frac{\partial}{\partial q_3}(H_1A_1)-\frac{\partial}{\partial q_1}(H_3A_3)\right]\boldsymbol{e}_2+$$

$$\frac{1}{H_1H_2}\left[\frac{\partial}{\partial q_1}(H_2A_2)-\frac{\partial}{\partial q_2}(H_1A_1)\right]\boldsymbol{e}_3, \tag{3.7}$$

或写为

$$\textbf{rot}\ \boldsymbol{A}=\frac{1}{H_1H_2H_3}\begin{vmatrix} H_1\boldsymbol{e}_1 & H_2\boldsymbol{e}_2 & H_3\boldsymbol{e}_3 \\ \dfrac{\partial}{\partial q_1} & \dfrac{\partial}{\partial q_2} & \dfrac{\partial}{\partial q_3} \\ H_1A_1 & H_2A_2 & H_3A_3 \end{vmatrix}. \tag{3.8}$$

5. 梯度、散度、旋度与调和量在柱面坐标系和球面坐标系中的表示式

注意到:前面讲到的一些公式都是在正交曲线坐标系为右手坐标系的假定下导出的.因此,对于一个具体的正交曲线坐标系来说,仅当其为右手坐标系时,这些公式方能应用无误.

由于柱面坐标系(ρ,φ,z)和球面坐标系(r,θ,φ)正好都是右手坐标系(参看图 4-3 与图 4-4).因此,可以

在柱面坐标系中,直接取 $\rho=q_1,\varphi=q_2,z=q_3$;

在球面坐标系中,直接取 $r=q_1,\theta=q_2,\varphi=q_3$.

并将此分别与上节例 2 中已求出的柱面坐标系的拉梅系数(2.16)式和球面坐标系的拉梅系数(2.17)式一起代入以上的(3.1),(3.4),(3.5),(3.7)与(3.8)诸式,就立刻得到下面的各表示式:

(1) 在柱面坐标系中,

$$\textbf{grad}\ u=\frac{\partial u}{\partial\rho}\boldsymbol{e}_\rho+\frac{1}{\rho}\frac{\partial u}{\partial\varphi}\boldsymbol{e}_\varphi+\frac{\partial u}{\partial z}\boldsymbol{e}_z,$$

$$\text{div}\ \boldsymbol{A}=\frac{1}{\rho}\left[\frac{\partial(\rho A_\rho)}{\partial\rho}+\frac{\partial A_\varphi}{\partial\varphi}+\frac{\partial(\rho A_z)}{\partial z}\right],$$

$$\Delta u=\frac{1}{\rho}\left[\frac{\partial}{\partial\rho}\left(\rho\frac{\partial u}{\partial\rho}\right)+\frac{\partial}{\partial\varphi}\left(\frac{1}{\rho}\frac{\partial u}{\partial\varphi}\right)+\frac{\partial}{\partial z}\left(\rho\frac{\partial u}{\partial z}\right)\right],$$

$$\textbf{rot}\ \boldsymbol{A}=\left(\frac{1}{\rho}\frac{\partial A_z}{\partial\varphi}-\frac{\partial A_\varphi}{\partial z}\right)\boldsymbol{e}_\rho+\left(\frac{\partial A_\rho}{\partial z}-\frac{\partial A_z}{\partial\rho}\right)\boldsymbol{e}_\varphi+$$

$$\frac{1}{\rho}\left[\frac{\partial(\rho A_\varphi)}{\partial\rho}-\frac{\partial A_\rho}{\partial\varphi}\right]\boldsymbol{e}_z,$$

或写为

$$\mathbf{rot}\,\boldsymbol{A}=\frac{1}{\rho}\begin{vmatrix}\boldsymbol{e}_\rho & \rho\boldsymbol{e}_\varphi & \boldsymbol{e}_z\\ \dfrac{\partial}{\partial\rho} & \dfrac{\partial}{\partial\varphi} & \dfrac{\partial}{\partial z}\\ A_\rho & \rho A_\varphi & A_z\end{vmatrix}.$$

（2）在球面坐标系中，

$$\mathbf{grad}\,u=\frac{\partial u}{\partial r}\boldsymbol{e}_r+\frac{1}{r}\frac{\partial u}{\partial\theta}\boldsymbol{e}_\theta+\frac{1}{r\sin\theta}\frac{\partial u}{\partial\varphi}\boldsymbol{e}_\varphi,$$

$$\operatorname{div}\boldsymbol{A}=\frac{1}{r^2\sin\theta}\left[\sin\theta\frac{\partial(r^2A_r)}{\partial r}+r\frac{\partial(\sin\theta A_\theta)}{\partial\theta}+r\frac{\partial A_\varphi}{\partial\varphi}\right],$$

$$\Delta u=\frac{1}{r^2\sin\theta}\left[\sin\theta\frac{\partial}{\partial r}\left(r^2\frac{\partial u}{\partial r}\right)+\frac{\partial}{\partial\theta}\left(\sin\theta\frac{\partial u}{\partial\theta}\right)+\frac{1}{\sin\theta}\frac{\partial^2u}{\partial\varphi^2}\right],$$

$$\begin{aligned}\mathbf{rot}\,\boldsymbol{A}=&\frac{1}{r\sin\theta}\left[\frac{\partial(\sin\theta A_\varphi)}{\partial\theta}-\frac{\partial A_\theta}{\partial\varphi}\right]\boldsymbol{e}_r+\\&\frac{1}{r}\left[\frac{1}{\sin\theta}\frac{\partial A_r}{\partial\varphi}-\frac{\partial(rA_\varphi)}{\partial r}\right]\boldsymbol{e}_\theta+\\&\frac{1}{r}\left[\frac{\partial(rA_\theta)}{\partial r}-\frac{\partial A_r}{\partial\theta}\right]\boldsymbol{e}_\varphi,\end{aligned}$$

或写为

$$\mathbf{rot}\,\boldsymbol{A}=\frac{1}{r^2\sin\theta}\begin{vmatrix}\boldsymbol{e}_r & r\boldsymbol{e}_\theta & r\sin\theta\boldsymbol{e}_\varphi\\ \dfrac{\partial}{\partial r} & \dfrac{\partial}{\partial\theta} & \dfrac{\partial}{\partial\varphi}\\ A_r & rA_\theta & r\sin\theta A_\varphi\end{vmatrix}.$$

例 1　在柱面坐标系中，已知

$$\boldsymbol{A}(\rho,\varphi,z)=\rho z^2\sin\varphi\boldsymbol{e}_\rho+\rho z^2\cos\varphi\boldsymbol{e}_\varphi+\rho^2z\sin\varphi\boldsymbol{e}_z.$$

求 $\operatorname{div}\boldsymbol{A}$ 及 $\mathbf{grad}(\operatorname{div}\boldsymbol{A})$.

解　
$$\begin{aligned}\operatorname{div}\boldsymbol{A}&=\frac{1}{\rho}\left[\frac{\partial(\rho A_\rho)}{\partial\rho}+\frac{\partial A_\varphi}{\partial\varphi}+\frac{\partial(\rho A_z)}{\partial z}\right]\\&=\frac{1}{\rho}\left[\frac{\partial}{\partial\rho}(\rho^2z^2\sin\varphi)+\frac{\partial}{\partial\varphi}(\rho z^2\cos\varphi)+\frac{\partial}{\partial z}(\rho^3z\sin\varphi)\right]\\&=\frac{1}{\rho}(2\rho z^2\sin\varphi-\rho z^2\sin\varphi+\rho^3\sin\varphi)\end{aligned}$$

$$= (z^2+\rho^2)\sin\varphi.$$

由于 $\mathbf{grad}\ u=\frac{\partial u}{\partial \rho}\boldsymbol{e}_\rho+\frac{1}{\rho}\frac{\partial u}{\partial \varphi}\boldsymbol{e}_\varphi+\frac{\partial u}{\partial z}\boldsymbol{e}_z$.故有

$$\mathbf{grad}(\mathrm{div}\ \boldsymbol{A}) = 2\rho\sin\varphi\boldsymbol{e}_\rho + \frac{z^2+\rho^2}{\rho}\cos\varphi\boldsymbol{e}_\varphi + 2z\sin\varphi\boldsymbol{e}_z.$$

例 2 在球面坐标系中,已知

$$\boldsymbol{A}(r,\theta,\varphi) = r\sin\varphi\boldsymbol{e}_r + r\cos\theta\boldsymbol{e}_\theta + r^2\sin\theta\boldsymbol{e}_\varphi.$$

求 $\mathbf{rot}\ \boldsymbol{A}$.

解 $\mathbf{rot}\ \boldsymbol{A}$

$$= \frac{1}{r^2\sin\theta}\begin{vmatrix} \boldsymbol{e}_r & r\boldsymbol{e}_\theta & r\sin\theta\boldsymbol{e}_\varphi \\ \frac{\partial}{\partial r} & \frac{\partial}{\partial \theta} & \frac{\partial}{\partial \varphi} \\ A_r & rA_\theta & r\sin\theta A_\varphi \end{vmatrix}$$

$$= \frac{1}{r^2\sin\theta}\begin{vmatrix} \boldsymbol{e}_r & r\boldsymbol{e}_\theta & r\sin\theta\boldsymbol{e}_\varphi \\ \frac{\partial}{\partial r} & \frac{\partial}{\partial \theta} & \frac{\partial}{\partial \varphi} \\ r\sin\varphi & r^2\cos\theta & r^3\sin^2\theta \end{vmatrix}$$

$$= \frac{1}{r^2\sin\theta}[2r^3\sin\theta\cos\theta\boldsymbol{e}_r + (r\cos\varphi - 3r^2\sin^2\theta)r\boldsymbol{e}_\theta + 2r\cos\theta r\sin\theta\boldsymbol{e}_\varphi]$$

$$= 2r\cos\theta\boldsymbol{e}_r + \left(\frac{\cos\varphi}{\sin\theta} - 3r\sin\theta\right)\boldsymbol{e}_\theta + 2\cos\theta\boldsymbol{e}_\varphi.$$

6. 正交曲线坐标系中矢量场 $\boldsymbol{A}$ 的广义雅可比矩阵

在正交曲线坐标系中,设矢量场

$$\boldsymbol{A} = A_1\boldsymbol{e}_1 + A_2\boldsymbol{e}_2 + A_3\boldsymbol{e}_3,$$

其中 A_1,A_2,A_3 均为正交曲线坐标(q_1,q_2,q_3)的函数,H_1,H_2,H_3 为此正交曲线坐标系的拉梅系数.

记

$$\begin{gathered} H = H_1H_2H_3, \\ F_1 = H_1A_1,\quad F_2 = H_2A_2,\quad F_3 = H_3A_3, \\ G_1 = H_2H_3A_1,\quad G_2 = H_1H_3A_2,\quad G_3 = H_1H_2A_3. \end{gathered} \tag{3.9}$$

则矢量场 $\boldsymbol{A}$ 的散度 $\mathrm{div}\ \boldsymbol{A}$ 及旋度 $\mathbf{rot}\ \boldsymbol{A}$ 可写为

$$\operatorname{div} \boldsymbol{A} = \frac{1}{H}\left(\frac{\partial G_1}{\partial q_1} + \frac{\partial G_2}{\partial q_2} + \frac{\partial G_3}{\partial q_3}\right), \tag{3.10}$$

$$\begin{aligned}\mathbf{rot}\, \boldsymbol{A} = \frac{1}{H}\Bigg[&\left(\frac{\partial F_3}{\partial q_2} - \frac{\partial F_2}{\partial q_3}\right) H_1 \boldsymbol{e}_1 + \left(\frac{\partial F_1}{\partial q_3} - \frac{\partial F_3}{\partial q_1}\right) H_2 \boldsymbol{e}_2 + \\ &\left(\frac{\partial F_2}{\partial q_1} - \frac{\partial F_1}{\partial q_2}\right) H_3 \boldsymbol{e}_3\Bigg],\end{aligned} \tag{3.11}$$

或

$$\mathbf{rot}\, \boldsymbol{A} = \frac{1}{H}\begin{vmatrix} H_1\boldsymbol{e}_1 & H_2\boldsymbol{e}_2 & H_3\boldsymbol{e}_3 \\ \dfrac{\partial}{\partial q_1} & \dfrac{\partial}{\partial q_2} & \dfrac{\partial}{\partial q_3} \\ F_1 & F_2 & F_3 \end{vmatrix}. \tag{3.12}$$

这里，我们引进如下矩阵

$$G\boldsymbol{A} = \frac{1}{H}\begin{pmatrix} \dfrac{\partial G_1}{\partial q_1} & \dfrac{\partial F_1}{\partial q_2} & \dfrac{\partial F_1}{\partial q_3} \\ \dfrac{\partial F_2}{\partial q_1} & \dfrac{\partial G_2}{\partial q_2} & \dfrac{\partial F_2}{\partial q_3} \\ \dfrac{\partial F_3}{\partial q_1} & \dfrac{\partial F_3}{\partial q_2} & \dfrac{\partial G_3}{\partial q_3} \end{pmatrix}, \tag{3.13}$$

称为正交曲线坐标系中的**广义雅可比矩阵**.将其中的各个元素与上面 div $\boldsymbol{A}$ 和 **rot** $\boldsymbol{A}$ 的计算公式(3.10)和(3.11)中的各相加项比较，可以看出，矩阵中主对角线上的三个元素之和乘$\dfrac{1}{H}$就构成散度 div $\boldsymbol{A}$；其余的六个元素，正好就是旋度 **rot** $\boldsymbol{A}$ 公式(3.11)式中的六个相加项.只要认清它们在矩阵 $G\boldsymbol{A}$ 中与在(3.11)式中的对应位置顺序，就能方便地由矩阵 $G\boldsymbol{A}$ 直接写出 **rot** $\boldsymbol{A}$ 来.

如果仅单独计算 **rot** $\boldsymbol{A}$，可以直接用(3.12)式.

例 3　在球面坐标系中，已知矢量场

$$\boldsymbol{A}(r,\theta,\varphi) = r\sin 2\varphi \boldsymbol{e}_r + 2r^3\cos\theta \boldsymbol{e}_\theta + r\sin\theta \boldsymbol{e}_\varphi.$$

求 div $\boldsymbol{A}$ 及 **rot** $\boldsymbol{A}$.

解　球面坐标系中的拉梅系数为

$$H_r = 1,\quad H_\theta = r,\quad H_\varphi = r\sin\theta.$$

于是

$$H = r^2\sin\theta,$$

$$F_r = r\sin 2\varphi,\quad F_\theta = 2r^4\cos\theta,\quad F_\varphi = r^2\sin^2\theta,$$

$$G_r = r^3\sin\theta\sin 2\varphi,\quad G_\theta = r^4\sin 2\theta,\quad G_\varphi = r^2\sin\theta.$$

从而

$$GA = \frac{1}{r^2\sin\theta}\begin{pmatrix} 3r^2\sin\theta\sin 2\varphi & 0 & 2r\cos 2\varphi \\ 8r^3\cos\theta & 2r^4\cos 2\theta & 0 \\ 2r\sin^2\theta & r^2\sin 2\theta & 0 \end{pmatrix},$$

由此可得

$$\operatorname{div}\boldsymbol{A} = 3\sin 2\varphi + \frac{2r^2\cos 2\theta}{\sin\theta}.$$

$$\begin{aligned}\mathbf{rot}\,\boldsymbol{A} &= \frac{1}{r^2\sin\theta}[r^2\sin 2\theta\boldsymbol{e}_r + 2r(\cos 2\varphi - \sin^2\theta)r\boldsymbol{e}_\theta + \\ &\quad 8r^3\cos\theta\cdot r\sin\theta\boldsymbol{e}_\varphi] \\ &= 2\cos\theta\boldsymbol{e}_r + 2\left(\frac{\cos 2\varphi}{\sin\theta} - \sin\theta\right)\boldsymbol{e}_\theta + 8r^2\cos\theta\boldsymbol{e}_\varphi.\end{aligned}$$

第四节　正交曲线坐标系中的势函数和矢势量

这里我们假定下面的矢量 $\boldsymbol{A}$,其表达式均为

$$\boldsymbol{A} = A_1\boldsymbol{e}_1 + A_2\boldsymbol{e}_2 + A_3\boldsymbol{e}_3,$$

其中 A_1, A_2, A_3 均为正交曲线坐标 (q_1, q_2, q_3) 的函数.

1. 势函数

设 $\boldsymbol{A}$ 为线单连域内的有势场,则存在函数 u 满足 $\boldsymbol{A} = \mathbf{grad}\, u$,且 $v = -u$ 即为场的势函数.

类似于第二章第五节公式(5.5)的推导①,可以得到函数 u 的计算公式:即在场中取一定点 $M_0(Q_1, Q_2, Q_3)$,则函数

$$\begin{aligned}u = &\int_{Q_1}^{q_1} F_1(q_1, Q_2, Q_3)\,\mathrm{d}q_1 + \int_{Q_2}^{q_2} F_2(q_1, q_2, Q_3)\,\mathrm{d}q_2 + \\ &\int_{Q_3}^{q_3} F_3(q_1, q_2, q_3)\,\mathrm{d}q_3 + C,\end{aligned}\tag{4.1}$$

① 可参看《矢量分析与场论(第五版)学习辅导与习题全解》(谢树艺编).

其中 $F_1=A_1H_1, F_2=A_2H_2, F_3=A_3H_3; H_1, H_2, H_3$ 为坐标系的拉梅系数，C 为任意常数.

按上式算出函数 u 后，令 $v=-u$ 即得场的势函数. 也可以在公式(4.1)中，各积分号之前，改用“-”号来直接算出场的势函数 v.

例 1　在球面坐标系中，证明

$$\boldsymbol{A}(r,\theta,\varphi)=2r\cos\theta\boldsymbol{e}_r-r\sin\theta\boldsymbol{e}_\theta$$

为有势场，并求其势函数 $v(r,\theta,\varphi)$.

证　球面坐标系中的拉梅系数为

$$H_r=1,\quad H_\theta=r,\quad H_\varphi=r\sin\theta.$$

于是有

$$\mathbf{rot}\,\boldsymbol{A}=\frac{1}{r^2\sin\theta}\begin{vmatrix}\boldsymbol{e}_r & r\boldsymbol{e}_\theta & r\sin\theta\boldsymbol{e}_\varphi\\ \dfrac{\partial}{\partial r} & \dfrac{\partial}{\partial\theta} & \dfrac{\partial}{\partial\varphi}\\ 2r\cos\theta & -r^2\sin\theta & 0\end{vmatrix}$$

$$=\mathbf{0},$$

故 $\boldsymbol{A}$ 为有势场. 在场中取一定点 $M_0(0,0,0)$，则其势函数为

$$v=-\int_0^r F_r(r,0,0)\,\mathrm{d}r-\int_0^\theta F_\theta(r,\theta,0)\,\mathrm{d}\theta-\int_0^\varphi F_\varphi(r,\theta,\varphi)\,\mathrm{d}\varphi+C$$

$$=-\int_0^r 2r\mathrm{d}r+\int_0^\theta r^2\sin\theta\mathrm{d}\theta-\int_0^\varphi 0\mathrm{d}\varphi+C$$

$$=-r^2+r^2(1-\cos\theta)+C=-r^2\cos\theta+C.$$

势函数也可用不定积分法来求. 下面我们就用此法再求例 1 的势函数.

解　由于 $\boldsymbol{A}$ 为有势场，其势函数 v 满足 $\boldsymbol{A}=-\mathbf{grad}\,v$，即

$$2r\cos\theta\boldsymbol{e}_r-r\sin\theta\boldsymbol{e}_\theta=-\frac{\partial v}{\partial r}\boldsymbol{e}_r-\frac{1}{r}\frac{\partial v}{\partial\theta}\boldsymbol{e}_\theta-\frac{1}{r\sin\theta}\frac{\partial v}{\partial\varphi}\boldsymbol{e}_\varphi,$$

于是有

$$\frac{\partial v}{\partial r}=-2r\cos\theta,\quad \frac{\partial v}{\partial\theta}=r^2\sin\theta,\quad \frac{\partial v}{\partial\varphi}=0.$$

由于 $\dfrac{\partial v}{\partial\varphi}=0$，知函数 v 与 φ 无关. 于是将第一个方程对 r 积分，得

$$v=-r^2\cos\theta+f(\theta).$$

其中 $f(\theta)$ 暂时是任意的，为了确定它，将上式对 θ 求导，得

$$\frac{\partial v}{\partial \theta}=r^2\sin\theta+f'(\theta).$$

与第二个方程比较，即知 $f'(\theta)=0$，所以 $f(\theta)=C$（C 为任意常数），从而得势函数

$$v=-r^2\cos\theta+C.$$

可见，两种方法所得结果相同.

2. **全微分求积**

首先注意到曲线元矢量 $\mathrm{d}\boldsymbol{l}=\boldsymbol{\tau}\mathrm{d}s$（$\boldsymbol{\tau}$ 为曲线的切向单位矢量，$\mathrm{d}s$ 为曲线的弧微分），它在正交曲线坐标系中的表示式为

$$\begin{aligned}\mathrm{d}\boldsymbol{l}&=\mathrm{d}s_1\boldsymbol{e}_1+\mathrm{d}s_2\boldsymbol{e}_2+\mathrm{d}s_3\boldsymbol{e}_3\\&=H_1\mathrm{d}q_1\boldsymbol{e}_1+H_2\mathrm{d}q_2\boldsymbol{e}_2+H_3\mathrm{d}q_3\boldsymbol{e}_3,\end{aligned}$$

其中 H_1,H_2,H_3 为坐标系的拉梅系数.据此，在矢量场 $\boldsymbol{A}$ 中，表达式

$$\begin{aligned}\boldsymbol{A}\cdot\mathrm{d}\boldsymbol{l}&=A_1H_1\mathrm{d}q_1+A_2H_2\mathrm{d}q_2+A_3H_3\mathrm{d}q_3\\&=F_1\mathrm{d}q_1+F_2\mathrm{d}q_2+F_3\mathrm{d}q_3.\end{aligned}\tag{4.2}$$

由于在线单连域内，此表达式为全微分式与 $\mathbf{rot}\,\boldsymbol{A}=\mathbf{0}$ 是等价的.因此，当有 $\mathbf{rot}\,\boldsymbol{A}=\mathbf{0}$ 时，必存在函数 u，使

$$\mathrm{d}u=F_1\mathrm{d}q_1+F_2\mathrm{d}q_2+F_3\mathrm{d}q_3,$$

函数 u 叫做此表达式的原函数，它可由(4.1)式求出.

这是因为(4.1)式给出的函数 u，满足 $\boldsymbol{A}=\mathbf{grad}\,u$，即有

$$A_1\boldsymbol{e}_1+A_2\boldsymbol{e}_2+A_3\boldsymbol{e}_3=\frac{1}{H_1}\frac{\partial u}{\partial q_1}\boldsymbol{e}_1+\frac{1}{H_2}\frac{\partial u}{\partial q_2}\boldsymbol{e}_2+\frac{1}{H_3}\frac{\partial u}{\partial q_3}\boldsymbol{e}_3,$$

可见

$$\frac{\partial u}{\partial q_1}=A_1H_1=F_1,\qquad\frac{\partial u}{\partial q_2}=A_2H_2=F_2,\qquad\frac{\partial u}{\partial q_3}=A_3H_3=F_3.$$

在此三式的两端分别乘 $\mathrm{d}q_1,\mathrm{d}q_2,\mathrm{d}q_3$ 后相加，得

$$\frac{\partial u}{\partial q_1}\mathrm{d}q_1+\frac{\partial u}{\partial q_2}\mathrm{d}q_2+\frac{\partial u}{\partial q_3}\mathrm{d}q_3=F_1\mathrm{d}q_1+F_2\mathrm{d}q_2+F_3\mathrm{d}q_3,$$

即

$$\mathrm{d}u=F_1\mathrm{d}q_1+F_2\mathrm{d}q_2+F_3\mathrm{d}q_3.$$

对于一般的表达式

$$F_1\mathrm{d}q_1+F_2\mathrm{d}q_2+F_3\mathrm{d}q_3\tag{4.3}$$

来说，要判别其是否是全微分式时，则先要作出矢量场

$$\boldsymbol{A}=\frac{F_1}{H_1}\boldsymbol{e}_1+\frac{F_2}{H_2}\boldsymbol{e}_2+\frac{F_3}{H_3}\boldsymbol{e}_3,$$

再考察是否有 $\mathbf{rot}\,\boldsymbol{A}=\mathbf{0}$.若有,则(4.3)式即为全微分式,否则,(4.3)式就不为全微分式.当确定了(4.3)式为全微分式后,其原函数 u 仍可由(4.1)式求出.

这是因为(4.1)式所确定的函数 u,满足 $\boldsymbol{A}=\mathbf{grad}\,u$,即有

$$\frac{F_1}{H_1}\boldsymbol{e}_1+\frac{F_2}{H_2}\boldsymbol{e}_2+\frac{F_3}{H_3}\boldsymbol{e}_3=\frac{1}{H_1}\frac{\partial u}{\partial q_1}\boldsymbol{e}_1+\frac{1}{H_2}\frac{\partial u}{\partial q_2}\boldsymbol{e}_2+\frac{1}{H_3}\frac{\partial u}{\partial q_3}\boldsymbol{e}_3,$$

故有

$$\frac{\partial u}{\partial q_1}=F_1,\quad \frac{\partial u}{\partial q_2}=F_2,\quad \frac{\partial u}{\partial q_3}=F_3.$$

在此三式的两端分别乘 $\mathrm{d}q_1,\mathrm{d}q_2,\mathrm{d}q_3$ 后相加,即得

$$\mathrm{d}u=F_1\mathrm{d}q_1+F_2\mathrm{d}q_2+F_3\mathrm{d}q_3.$$

例 2 在柱面坐标系中,已知矢量场

$$\boldsymbol{A}(\rho,\varphi,z)=2\rho z^3\cos\varphi\boldsymbol{e}_\rho-\rho z^3\sin\varphi\boldsymbol{e}_\varphi+3\rho^2z^2\cos\varphi\boldsymbol{e}_z,$$

试写出 $\boldsymbol{A}\cdot\mathrm{d}\boldsymbol{l}$ 的具体表达式,并判别其是否是全微分式.若是,求出其原函数.

解 柱面坐标系的拉梅系数为

$$H_\rho=1,\quad H_\varphi=\rho,\quad H_z=1.$$

于是

$$\begin{aligned}\boldsymbol{A}\cdot\mathrm{d}\boldsymbol{l}&=F_\rho\mathrm{d}\rho+F_\varphi\mathrm{d}\varphi+F_z\mathrm{d}z\\&=H_\rho A_\rho\mathrm{d}\rho+H_\varphi A_\varphi\mathrm{d}\varphi+H_zA_z\mathrm{d}z\\&=2\rho z^3\cos\varphi\mathrm{d}\rho-\rho^2z^3\sin\varphi\mathrm{d}\varphi+3\rho^2z^2\cos\varphi\mathrm{d}z.\end{aligned}$$

由于

$$\mathbf{rot}\,\boldsymbol{A}=\frac{1}{\rho}\begin{vmatrix}\boldsymbol{e}_\rho & \rho\boldsymbol{e}_\varphi & \boldsymbol{e}_z\\ \dfrac{\partial}{\partial\rho} & \dfrac{\partial}{\partial\varphi} & \dfrac{\partial}{\partial z}\\ 2\rho z^3\cos\varphi & -\rho^2z^3\sin\varphi & 3\rho^2z^2\cos\varphi\end{vmatrix}=\mathbf{0},$$

故 $\boldsymbol{A}\cdot\mathrm{d}\boldsymbol{l}$ 为全微分式.在场中取一定点 $M_0(0,0,0)$,由(4.1)式得所求之原函数为

$$u=\int_0^\rho F_\rho(\rho,0,0)\mathrm{d}\rho+\int_0^\varphi F_\varphi(\rho,\varphi,0)\mathrm{d}\varphi+\int_0^z F_z(\rho,\varphi,z)\mathrm{d}z+C$$

$$= \int_0^{\rho} 0 \mathrm{d}\rho + \int_0^{\varphi} 0 \mathrm{d}\varphi + \int_0^{z} 3\rho^2 z^2 \cos\varphi \mathrm{d}z + C$$

$$= \rho^2 z^3 \cos\varphi + C.$$

全微分式的原函数也可用不定积分法来求.下面就用这种方法再求此例的原函数.

解　由于 $\boldsymbol{A}\cdot \mathrm{d}\boldsymbol{l}$ 为全微分式,设其原函数为 u,则有

$$\mathrm{d}u = 2\rho z^3 \cos\varphi \mathrm{d}\rho - \rho^2 z^3 \sin\varphi \mathrm{d}\varphi + 3\rho^2 z^2 \cos\varphi \mathrm{d}z.$$

即有

$$\frac{\partial u}{\partial \rho} = 2\rho z^3 \cos\varphi, \quad \frac{\partial u}{\partial \varphi} = -\rho^2 z^3 \sin\varphi, \quad \frac{\partial u}{\partial z} = 3\rho^2 z^2 \cos\varphi.$$

将第一个方程对 ρ 积分,得

$$u = \rho^2 z^3 \cos\varphi + f(\varphi, z),$$

其中 $f(\varphi,z)$ 暂时是任意的,为了确定它,将上式对 φ 求导,得

$$\frac{\partial u}{\partial \varphi} = -\rho^2 z^3 \sin\varphi + f'_{\varphi}(\varphi, z),$$

与第二个方程比较,知 $f'_{\varphi}(\varphi,z)=0$,说明 $f(\varphi,z)$ 与 φ 无关,设 $f(\varphi,z)=g(z)$,则

$$u = \rho^2 z^3 \cos\varphi + g(z).$$

为了确定 $g(z)$,将上式对 z 求导,得

$$\frac{\partial u}{\partial z} = 3\rho^2 z^2 \cos\varphi + g'(z),$$

与第三个方程比较,知 $g'(z)=0$,故 $g(z)=C$ (C 为任意常数).从而得

$$u = \rho^2 z^3 \cos\varphi + C,$$

即为所求之原函数.可见用这两种方法所得结果相同.

例 3　在球面坐标系中,表达式

$$2r\mathrm{e}^{3\varphi} \sin 2\theta \mathrm{d}r + 2r^2 \mathrm{e}^{3\varphi} \cos 2\theta \mathrm{d}\theta + 3r^2 \mathrm{e}^{3\varphi} \sin 2\theta \mathrm{d}\varphi$$

是否是全微分式? 若是,求出其原函数.

解　将所给表达式记为

$$F_r \mathrm{d}r + F_{\theta} \mathrm{d}\theta + F_{\varphi} \mathrm{d}\varphi,$$

作矢量场

$$\boldsymbol{A} = \frac{F_r}{H_r}\boldsymbol{e}_r + \frac{F_{\theta}}{H_{\theta}}\boldsymbol{e}_{\theta} + \frac{F_{\varphi}}{H_{\varphi}}\boldsymbol{e}_{\varphi},$$

其中 $H_r=1, H_{\theta}=r, H_{\varphi}=r\sin\theta$ 为球面坐标系的拉梅系数.则

$$A = 2re^{3\varphi}\sin 2\theta \boldsymbol{e}_r + 2re^{3\varphi}\cos 2\theta \boldsymbol{e}_\theta + 6re^{3\varphi}\cos\theta \boldsymbol{e}_\varphi,$$

其旋度

$$\mathbf{rot}\,\boldsymbol{A} = \frac{1}{r^2\sin\theta}\begin{vmatrix} \boldsymbol{e}_r & r\boldsymbol{e}_\theta & r\sin\theta\boldsymbol{e}_\varphi \\ \dfrac{\partial}{\partial r} & \dfrac{\partial}{\partial\theta} & \dfrac{\partial}{\partial\varphi} \\ 2re^{3\varphi}\sin 2\theta & 2r^2e^{3\varphi}\cos 2\theta & 3r^2e^{3\varphi}\sin 2\theta \end{vmatrix}$$

$$= \mathbf{0},$$

故所给表达式为全微分式.在场中取一定点 $M_0(0,0,0)$,按(4.1)式,可得其原函数为

$$\begin{aligned} u &= \int_0^r F_r(r,0,0)\,\mathrm{d}r + \int_0^\theta F_\theta(r,\theta,0)\,\mathrm{d}\theta + \int_0^\varphi F_\varphi(r,\theta,\varphi)\,\mathrm{d}\varphi + C \\ &= \int_0^r 0\mathrm{d}r + \int_0^\theta 2r^2\cos 2\theta\mathrm{d}\theta + \int_0^\varphi 3r^2e^{3\varphi}\sin 2\theta\mathrm{d}\varphi + C \\ &= r^2\sin 2\theta + r^2e^{3\varphi}\sin 2\theta - r^2\sin 2\theta + C \\ &= r^2e^{3\varphi}\sin 2\theta + C. \end{aligned}$$

3. 保守场中的曲线积分

在线单连域内,当矢量 $\boldsymbol{A}$ 的旋度 $\mathbf{rot}\,\boldsymbol{A}=\mathbf{0}$ 时,$\boldsymbol{A}$ 为保守场.此时,曲线积分

$$\int_{\overset{\frown}{AB}} \boldsymbol{A}\cdot\mathrm{d}\boldsymbol{l}$$

与路径无关,且其中的 $\boldsymbol{A}\cdot\mathrm{d}\boldsymbol{l}$ 为全微分式.由第二章第五节的例 3 知,曲线积分

$$\int_{\overset{\frown}{AB}} \boldsymbol{A}\cdot\mathrm{d}\boldsymbol{l} = u(M)\Big|_A^B = u(B) - u(A), \tag{4.4}$$

其中的函数 $u(M)$ 为全微分式 $\boldsymbol{A}\cdot\mathrm{d}\boldsymbol{l}$ 的一个原函数,它可用(4.1)式求出.求出后就可按上式算出积分之值.

如果曲线积分的积分式为

$$\int_{\overset{\frown}{AB}} F_1(q_1,q_2,q_3)\,\mathrm{d}q_1 + F_2(q_1,q_2,q_3)\,\mathrm{d}q_2 + F_3(q_1,q_2,q_3)\,\mathrm{d}q_3,$$

则先要判断被积表达式是否为全微分式.即要作出矢量场

$$\boldsymbol{A} = \frac{F_1}{H_1}\boldsymbol{e}_1 + \frac{F_2}{H_2}\boldsymbol{e}_2 + \frac{F_3}{H_3}\boldsymbol{e}_3$$

(H_1,H_2,H_3 为坐标系的拉梅系数),考察 $\boldsymbol{A}$ 的旋度,当 $\mathbf{rot}\,\boldsymbol{A}=\mathbf{0}$ 时,被积表达式

才为全微分式.此时,就可用(4.1)式求出其原函数 u,然后按(4.4)式算出其积分之值.

例 4　在柱面坐标系中,设有曲线积分 $\int_{\widehat{AB}} \boldsymbol{A}\cdot \mathrm{d}\boldsymbol{l}$, 其中

$$\boldsymbol{A}=(2\rho+z^2)\sin\varphi\boldsymbol{e}_\rho+(\rho+z^2)\cos\varphi\boldsymbol{e}_\varphi+2\rho z\sin\varphi\boldsymbol{e}_z,$$

$\widehat{AB}$为曲线$\begin{cases}\rho=z^2,\\ \varphi=\dfrac{\pi}{6}\end{cases}$从点 $A\left(1,\dfrac{\pi}{6},1\right)$ 到点 $B\left(4,\dfrac{\pi}{6},2\right)$ 的一弧段.

(1) 试直接计算此曲线积分;

(2) 判别 $\boldsymbol{A}$ 是否为保守场.若是,则用公式(4.4)计算此曲线积分.

解　柱面坐标系中的拉梅系数为

$$H_\rho=1,\quad H_\varphi=\rho,\quad H_z=1.$$

(1)
$$\begin{aligned}&\int_{\widehat{AB}}\boldsymbol{A}\cdot\mathrm{d}\boldsymbol{l}\\&=\int_{\widehat{AB}}(2\rho+z^2)\sin\varphi\mathrm{d}\rho+\rho(\rho+z^2)\cos\varphi\mathrm{d}\varphi+2\rho z\sin\varphi\mathrm{d}z,\end{aligned}$$

以 $\rho=z^2,\varphi=\dfrac{\pi}{6}$ 代入,则

$$\begin{aligned}&\int_{\widehat{AB}}\boldsymbol{A}\cdot\mathrm{d}\boldsymbol{l}\\&=\int_1^2 3z^3\mathrm{d}z+z^3\mathrm{d}z=\int_1^2 4z^3\mathrm{d}z=z^4\Big|_1^2=15.\end{aligned}$$

(2) 由于

$$\mathbf{rot}\,\boldsymbol{A}=\frac{1}{\rho}\begin{vmatrix}\boldsymbol{e}_\rho & \rho\boldsymbol{e}_\varphi & \boldsymbol{e}_z\\ \dfrac{\partial}{\partial\rho} & \dfrac{\partial}{\partial\varphi} & \dfrac{\partial}{\partial z}\\ (2\rho+z^2)\sin\varphi & (\rho^2+\rho z^2)\cos\varphi & 2\rho z\sin\varphi\end{vmatrix}$$
$$=\boldsymbol{0},$$

故 $\boldsymbol{A}$ 为保守场.现在来求被积表达式的一个原函数 u.为此,在场中取一定点 $M_0(0,0,0)$,由公式(4.1)得

$$u=\int_0^\rho 0\mathrm{d}\rho+\int_0^\varphi \rho^2\cos\varphi\mathrm{d}\varphi+\int_0^z 2\rho z\sin\varphi\mathrm{d}z$$

$$=\rho^2\sin\varphi+\rho z^2\sin\varphi=(\rho^2+\rho z^2)\sin\varphi.$$

再按公式(4.4)即得

$$\int_{\widehat{AB}}\boldsymbol{A}\cdot\mathrm{d}\boldsymbol{l}=(\rho^2+\rho z^2)\sin\varphi\Bigg|_{\left(1,\frac{\pi}{6},1\right)}^{\left(4,\frac{\pi}{6},2\right)}=15,$$

可见,两种方法所得结果相同.

4. 矢势量

在面单连域内,若矢量场

$$\boldsymbol{A}=A_1\boldsymbol{e}_1+A_2\boldsymbol{e}_2+A_3\boldsymbol{e}_3$$

为管形场,即有 $\mathrm{div}\,\boldsymbol{A}=0$,则必存在矢量场 $\boldsymbol{B}$,满足 $\boldsymbol{A}=\mathbf{rot}\,\boldsymbol{B}$.矢量 $\boldsymbol{B}$ 叫做矢量场 $\boldsymbol{A}$ 的矢势量.设坐标系的拉梅系数为 H_1,H_2,H_3,并记

$$G_1=H_2H_3A_1,\quad G_2=H_1H_3A_2,\quad G_3=H_1H_2A_3$$

及 $M_0(Q_1,Q_2,Q_3)$ 为场中的一个定点,则矢量

$$\boldsymbol{B}=B_1\boldsymbol{e}_1+B_2\boldsymbol{e}_2+B_3\boldsymbol{e}_3$$

即为矢量场 $\boldsymbol{A}$ 的矢势量,其中

$$\begin{cases}B_1=\dfrac{1}{H_1}\left[\displaystyle\int_{Q_3}^{q_3}G_2(q_1,q_2,q_3)\,\mathrm{d}q_3-\int_{Q_2}^{q_2}G_3(q_1,q_2,Q_3)\,\mathrm{d}q_2\right],\\ B_2=-\dfrac{1}{H_2}\displaystyle\int_{Q_3}^{q_3}G_1(q_1,q_2,q_3)\,\mathrm{d}q_3,\\ B_3=\dfrac{C}{H_3}\ (C\ \text{为任意常数}).\end{cases}\tag{4.5}$$

其正确性可以通过验证它是否满足 $\mathbf{rot}\,\boldsymbol{B}=\boldsymbol{A}$ 来证实.

例 5　在柱面坐标系中,证明矢量场

$$\boldsymbol{A}(\rho,\varphi,z)=2\rho z\sin 2\varphi\boldsymbol{e}_\rho+2\rho z\cos 2\varphi\boldsymbol{e}_\varphi+\rho^2\sin 2\varphi\boldsymbol{e}_z$$

为调和场.并求出场中的调和函数和矢势量各一个.

证　柱面坐标系中的拉梅系数为 $H_\rho=1,H_\varphi=\rho,H_z=1$.

记

$$H=H_\rho H_\varphi H_z=\rho,$$

$$F_\rho=H_\rho A_\rho=2\rho z\sin 2\varphi,\quad F_\varphi=H_\varphi A_\varphi=2\rho^2 z\cos 2\varphi,$$

$$F_z=H_zA_z=\rho^2\sin 2\varphi.$$

$$G_\rho=H_\varphi H_zA_\rho=2\rho^2 z\sin 2\varphi,\quad G_\varphi=H_\rho H_zA_\varphi=2\rho z\cos 2\varphi,$$

$$G_z=H_\rho H_\varphi A_z=\rho^3\sin 2\varphi.$$

于是

$$GA=\frac{1}{\rho}\begin{pmatrix}4\rho z\sin 2\varphi & 4\rho z\cos 2\varphi & 2\rho\sin 2\varphi\\ 4\rho z\cos 2\varphi & -4\rho z\sin 2\varphi & 2\rho^2\cos 2\varphi\\ 2\rho\sin 2\varphi & 2\rho^2\cos 2\varphi & 0\end{pmatrix}.$$

由此得 div $\boldsymbol{A}=0$ 及 **rot** $\boldsymbol{A}=\boldsymbol{0}$，故 $\boldsymbol{A}$ 为调和场，同时亦为有势场，则在场中存在满足 $\boldsymbol{A}=\mathbf{grad}\,u$ 的函数 u，即为调和函数.这只要在场中取一定点 $M_0(0,0,0)$，由公式(4.1)即可得调和函数为

$$\begin{aligned}u&=\int_0^{\rho}F_\rho(\rho,0,0)\,\mathrm{d}\rho+\int_0^{\varphi}F_\varphi(\rho,\varphi,0)\,\mathrm{d}\varphi+\int_0^{z}F_z(\rho,\varphi,z)\,\mathrm{d}z\\&=\int_0^{\rho}0\mathrm{d}\rho+\int_0^{\varphi}0\mathrm{d}\varphi+\int_0^{z}\rho^2\sin 2\varphi\mathrm{d}z\\&=\rho^2z\sin 2\varphi.\end{aligned}$$

由于调和场也是管形场，故场中又存在矢势量 $\boldsymbol{B}$ 满足 $\boldsymbol{A}=\mathbf{rot}\,\boldsymbol{B}$.现在来求矢势量 $\boldsymbol{B}$.为此，在场中取一定点 $M_0(0,0,0)$，由(4.5)式有

$$\begin{aligned}B_\rho&=\frac{1}{H_\rho}\left[\int_0^{z}G_\varphi(\rho,\varphi,z)\,\mathrm{d}z-\int_0^{\varphi}G_z(\rho,\varphi,0)\,\mathrm{d}\varphi\right]\\&=\int_0^{z}2\rho z\cos 2\varphi\mathrm{d}z-\int_0^{\varphi}\rho^3\sin 2\varphi\mathrm{d}\varphi\\&=\rho z^2\cos 2\varphi-\rho^3\sin^2\varphi,\\B_\varphi&=-\frac{1}{H_\varphi}\int_0^{z}G_\rho(\rho,\varphi,z)\,\mathrm{d}z\\&=-\frac{1}{\rho}\int_0^{z}2\rho^2z\sin 2\varphi\mathrm{d}z\\&=-\rho z^2\sin 2\varphi,\\B_z&=\frac{C}{H_z}=1\ (\text{取 } C=1),\end{aligned}$$

由此即得矢势量

$$\boldsymbol{B}=(\rho z^2\cos 2\varphi-\rho^3\sin^2\varphi)\boldsymbol{e}_\rho-\rho z^2\sin 2\varphi\boldsymbol{e}_\varphi+\boldsymbol{e}_z.$$

习题 8

1. 下列曲线坐标构成的坐标系是否正交？为什么？

(1) 曲线坐标 (ξ,θ,z)，它与直角坐标 (x,y,z) 的关系是

$$x=a\cosh\xi\cos\theta,y=a\sinh\xi\sin\theta,z=z\ (a>0);$$

(2) 曲线坐标(ρ,θ,z),它与直角坐标(x,y,z)的关系是

$$x=a\rho\cos\theta, y=b\rho\sin\theta, z=z\ (a,b>0, a\neq b).$$

2. 计算上题中两种曲线坐标系中的拉梅系数.

在下列各题中,(ρ,φ,z)为柱面坐标,(r,θ,φ)为球面坐标.

3. 已知$u(\rho,\varphi,z)=\rho^2\cos\varphi+z^2\sin\varphi$,求$\boldsymbol{A}=\mathbf{grad}\ u$及$\mathrm{div}\ \boldsymbol{A}$.

4. 已知$\boldsymbol{A}(\rho,\varphi,z)=\rho\cos^2\varphi\boldsymbol{e}_\rho+\rho\sin\varphi\boldsymbol{e}_\varphi$,求$\mathbf{rot}\ \boldsymbol{A}$.

5. 证明$\boldsymbol{A}(\rho,\varphi,z)=\left(1+\dfrac{a^2}{\rho^2}\right)\cos\varphi\boldsymbol{e}_\rho-\left(1-\dfrac{a^2}{\rho^2}\right)\sin\varphi\boldsymbol{e}_\varphi+b^2\boldsymbol{e}_z$为调和场.

6. 求空间一点M的矢径$\boldsymbol{r}=\overrightarrow{OM}$在柱面坐标系和球面坐标系中的表示式,并由此证明$\boldsymbol{r}$在这两种坐标系中的散度都等于 3.

[提示:参看第四章第二节例 3.]

7. 求常矢$\boldsymbol{C}=C_1\boldsymbol{i}+C_2\boldsymbol{j}+C_3\boldsymbol{k}$在球面坐标系中的表示式.

8. 已知$u(r,\theta,\varphi)=\left(ar^2+\dfrac{1}{r^3}\right)\sin 2\theta\cos\varphi$,求$\mathbf{grad}\ u$.

9. 已知$u(r,\theta,\varphi)=2r\sin\theta+r^2\cos\varphi$,求$\Delta u$.

10. 已知$\boldsymbol{A}(r,\theta,\varphi)=\dfrac{2\cos\theta}{r^3}\boldsymbol{e}_r+\dfrac{\sin\theta}{r^3}\boldsymbol{e}_\theta$,求$\mathrm{div}\ \boldsymbol{A}$.

11. 证明$\boldsymbol{A}(r,\theta,\varphi)=2r\sin\theta\boldsymbol{e}_r+r\cos\theta\boldsymbol{e}_\theta-\dfrac{\sin\varphi}{r\sin\theta}\boldsymbol{e}_\varphi$为有势场,并求其势函数.

12. 在柱面坐标系中,已知矢量场

$$\boldsymbol{A}(\rho,\varphi,z)=\sin\varphi\boldsymbol{e}_\rho+\left(\cos\varphi+\frac{z^2}{\rho}\sin\varphi\right)\boldsymbol{e}_\varphi-2z\cos\varphi\boldsymbol{e}_z.$$

试判别$\boldsymbol{A}\cdot\mathrm{d}\boldsymbol{l}$是否为全微分式.若是,求其原函数.

13. 在球面坐标系中,已知矢量场

$$\boldsymbol{A}(r,\theta,\varphi)=(2r\sin\theta+\cos\varphi)\boldsymbol{e}_r+r\cos\theta\boldsymbol{e}_\theta-\frac{\sin\varphi}{\sin\theta}\boldsymbol{e}_\varphi.$$

证明$\boldsymbol{A}$为保守场,并计算曲线积分$\displaystyle\int_{\widehat{AB}}\boldsymbol{A}\cdot\mathrm{d}\boldsymbol{l}$,其中点$A=\left(1,\dfrac{\pi}{4},\dfrac{\pi}{4}\right)$,点$B=\left(2,\dfrac{\pi}{4},\dfrac{\pi}{2}\right)$.

14. 在球面坐标系中,证明

$$\boldsymbol{A}(r,\theta,\varphi) = 2\cos\theta\cos\varphi\boldsymbol{e}_r - 2\sin\theta\cos\varphi\boldsymbol{e}_\theta + 2r\cos\theta\boldsymbol{e}_\varphi$$

为管形场,并求场中的一个矢势量.

15. 计算柱面坐标系中单位矢量 $\boldsymbol{e}_\rho,\boldsymbol{e}_\varphi,\boldsymbol{e}_z$ 的各偏导数.

16. 计算球面坐标系中单位矢量 $\boldsymbol{e}_r,\boldsymbol{e}_\theta,\boldsymbol{e}_\varphi$ 的各偏导数.

17. 已知 $\boldsymbol{A}(r,\theta,\varphi)=r^2\sin\varphi\boldsymbol{e}_r+2r\cos\theta\boldsymbol{e}_\theta+\sin\theta\boldsymbol{e}_\varphi$,求$\dfrac{\partial\boldsymbol{A}}{\partial\varphi}$.

附录　若干正交曲线坐标系

当我们研究一个具体问题时，首先要选取坐标系，以使对问题的研究得以简化，或能比较顺利地得出结果.至于坐标系如何选取，应视具体问题的特点（如约束条件或对称性条件）而定.

在正交坐标系中，除了特殊的直角坐标系外，前面我们又介绍过柱面坐标系和球面坐标系.除此之外，我们这里再介绍在实际使用中的其他若干正交曲线坐标系.

1. 椭圆柱面坐标系

点 M 在空间的椭圆柱面坐标是这样的三个有序数 (u,v,z)，它与直角坐标的关系是

$$\begin{aligned} x &= a\cosh u\cos v, \\ y &= a\sinh u\sin v, \\ z &= z. \end{aligned} \tag{1}$$

坐标 u,v,z 的变化范围是

$$0 \leqslant u < +\infty,\quad 0 \leqslant v \leqslant 2\pi,\quad -\infty < z < +\infty.$$

在椭圆柱面坐标系中，坐标曲面是

$u=$常数，为椭圆柱面

$$\frac{x^2}{a^2\cosh^2 u} + \frac{y^2}{a^2\sinh^2 u} = 1.$$

$v=$常数，为双曲柱面

$$\frac{x^2}{a^2\cos^2 v} - \frac{y^2}{a^2\sin^2 v} = 1.$$

$z=$常数，为平行于 xOy 面的平面

$$z = C\ (\text{常数}).$$

如图 F-1.此图是由上述的椭圆柱面、双曲柱面与 xOy 面的两族交线构成.这两族交线为一族椭圆和一族双曲线，它们都有共同的焦点，即在 Ox 轴上的 $x=a$ 和 $x=-a$ 处.这就是(1)式中常数 a 的几何意义.

椭圆柱面坐标系的拉梅系数为

$$H_u = H_v = a(\sinh^2 u + \sin^2 v)^{\frac{1}{2}},\quad H_z = 1. \tag{2}$$

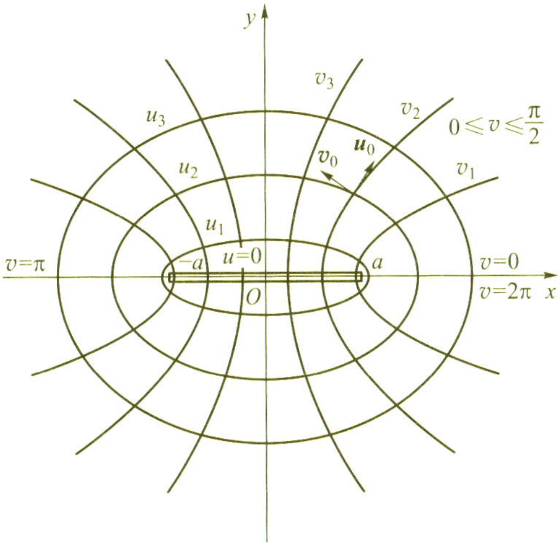

图 F-1

2. **抛物柱面坐标系**

点 M 在空间的抛物柱面坐标是这样的三个有序数(ξ,η,z)，它与直角坐标的关系是

$$
\begin{aligned}
x &= \xi\eta,\\
y &= \frac{1}{2}(\eta^2-\xi^2),\\
z &= z.
\end{aligned}
\tag{3}
$$

坐标 ξ,η,z 的变化范围是

$$-\infty<\xi<+\infty,\quad 0\leqslant\eta<+\infty,\quad -\infty<z<+\infty.$$

在抛物柱面坐标系中，坐标曲面是

ξ=常数，为沿 Oy 轴正向敞开的抛物柱面

$$y=\frac{1}{2}\left(\frac{x^2}{\xi^2}-\xi^2\right)\ (\xi\text{ 与 }x\text{ 同符号}).$$

η=常数，为沿 Oy 轴负向敞开的抛物柱面

$$y=\frac{1}{2}\left(\eta^2-\frac{x^2}{\eta^2}\right)\ (\eta>0).$$

z=常数，为平行于 xOy 面的平面

$$z=C\ (\text{常数}).$$

如图 F-2.此图是由上述的两种抛物柱面与 xOy 面相交而成的两族抛物线构成.

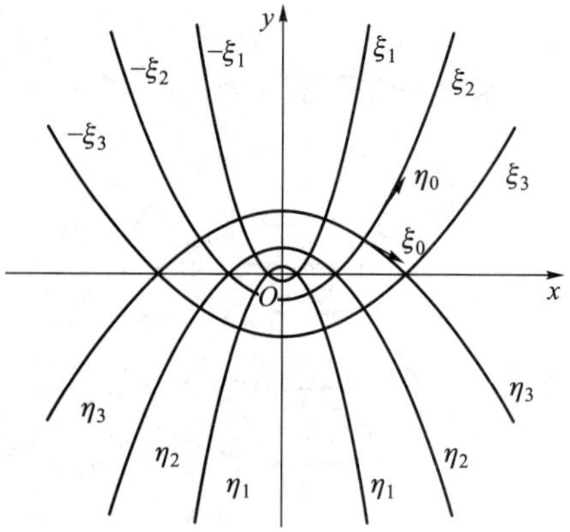

图 F-2

抛物柱面坐标系的拉梅系数为

$$H_\xi = H_\eta = (\xi^2 + \eta^2)^{\frac{1}{2}}, \quad H_z = 1. \tag{4}$$

3. 双极坐标系

点 M 在空间的双极坐标是这样的三个有序数(ξ,η,z),它与直角坐标的关系是

$$\begin{aligned} x &= \frac{a\sinh \eta}{\cosh \eta - \cos \xi}, \\ y &= \frac{a\sin \xi}{\cosh \eta - \cos \xi}, \\ z &= z. \end{aligned} \tag{5}$$

坐标 ξ,η,z 的变化范围是

$$0 \leqslant \xi \leqslant 2\pi, \quad -\infty < \eta < +\infty, \quad -\infty < z < +\infty.$$

在双极坐标系中,坐标曲面是

ξ=常数,为圆柱面

$$x^2 + (y - a\cot \xi)^2 = a^2\csc^2\xi.$$

η=常数,为圆柱面

$$(x - a\coth \eta)^2 + y^2 = a^2\operatorname{csch}^2\eta.$$

z=常数,为平行于 xOy 面的平面

$$z = C\ (常数).$$

如图 F-3.此图是由上述的两种圆柱面与 xOy 面的两族交线构成.一族为中心

在 Oy 轴上的圆，它们都通过 Ox 轴上的 $x=a$ 和 $x=-a$ 两点；另一族为中心在 Ox 轴上的圆.

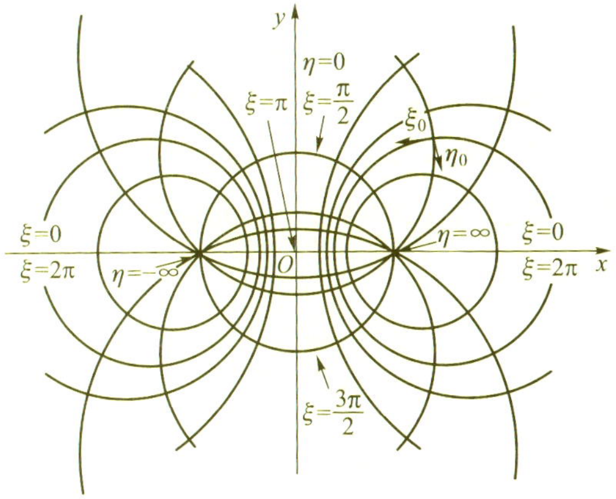

图 F-3

双极坐标系的拉梅系数为

$$H_\xi = H_\eta = \frac{a}{\cosh\eta - \cos\xi}, \quad H_z = 1. \tag{6}$$

4. 长球面坐标系

点 M 在空间的长球面坐标是这样的三个有序数 (u,v,φ)，它与直角坐标的关系是

$$\begin{aligned} x &= a\sinh u\sin v\cos\varphi, \\ y &= a\sinh u\sin v\sin\varphi, \\ z &= a\cosh u\cos v. \end{aligned} \tag{7}$$

坐标 u,v,φ 的变化范围是

$$0 \leqslant u < +\infty, \quad 0 \leqslant v \leqslant \pi, \quad 0 \leqslant \varphi \leqslant 2\pi.$$

在长球面坐标系中，坐标曲面是

$u=$常数，为长球面

$$\frac{x^2+y^2}{a^2\sinh^2 u} + \frac{z^2}{a^2\cosh^2 u} = 1.$$

由于 $\cosh^2 u > \sinh^2 u$，故此曲面即是沿 Oz 轴方向偏长而又绕 Oz 轴旋转的长形旋转椭球面.

$v=$常数，为旋转双叶双曲面

$$\frac{z^2}{a^2\cos^2 v}-\frac{x^2+y^2}{a^2\sin^2 v}=1.$$

φ=常数,为以 Oz 轴为界的半平面

$$y=\tan\varphi x.$$

如图 F-4.此图是由上述的长球面、旋转双叶双曲面与 yOz 面的两族交线构成.这两族交线为一族椭圆和一族双曲线,它们都有共同的焦点,即在 Oz 轴上的 $z=a$ 和 $z=-a$ 处.这就是(7)式中常数 a 的几何意义.

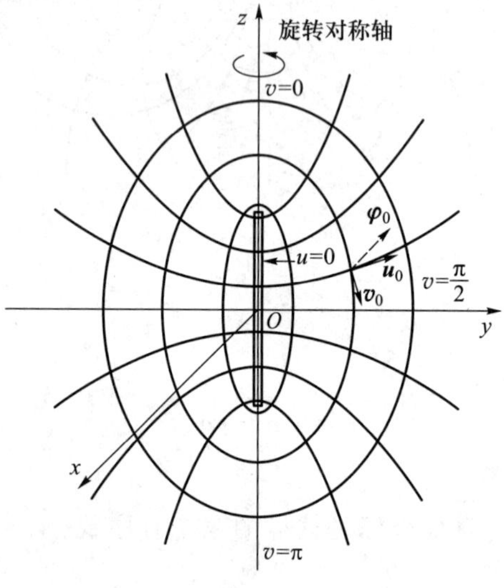

图 F-4

长球面坐标系的拉梅系数为

$$H_u=H_v=a(\sinh^2 u+\sin^2 v)^{\frac{1}{2}}=a(\cosh^2 u-\cos^2 v)^{\frac{1}{2}},\tag{8}$$
$$H_\varphi=a\sinh u\sin v.$$

5. 扁球面坐标系

点 M 在空间的扁球面坐标是这样的三个有序数(u,v,φ),它与直角坐标的关系是

$$\begin{aligned}x&=a\cosh u\cos v\cos\varphi,\\y&=a\cosh u\cos v\sin\varphi,\\z&=a\sinh u\sin v.\end{aligned}\tag{9}$$

坐标 u,v,φ 的变化范围是

$$0 \leqslant u < +\infty, \quad -\frac{\pi}{2} \leqslant v \leqslant \frac{\pi}{2}, \quad 0 \leqslant \varphi \leqslant 2\pi.$$

在扁球面坐标系中，坐标曲面是

u=常数，为扁球面

$$\frac{x^2+y^2}{a^2\cosh^2 u}+\frac{z^2}{a^2\sinh^2 u}=1.$$

由于 $\cosh^2 u>\sinh^2 u$，故此曲面即是沿 Oz 轴方向偏短而又绕 Oz 轴旋转的扁形旋转椭球面.

v=常数，为旋转单叶双曲面

$$\frac{x^2+y^2}{a^2\cos^2 v}-\frac{z^2}{a^2\sin^2 v}=1.$$

φ=常数，为以 Oz 轴为界的半平面

$$y=\tan \varphi x.$$

如图 F-5.此图是由上述的扁球面、旋转单叶双曲面与 yOz 面的两族交线构成.此两族交线为一族椭圆和一族双曲线，它们都有共同的焦点，即在 Oy 轴上的 $y=a$ 和 $y=-a$ 处.这就是(9)式中常数 a 的几何意义.

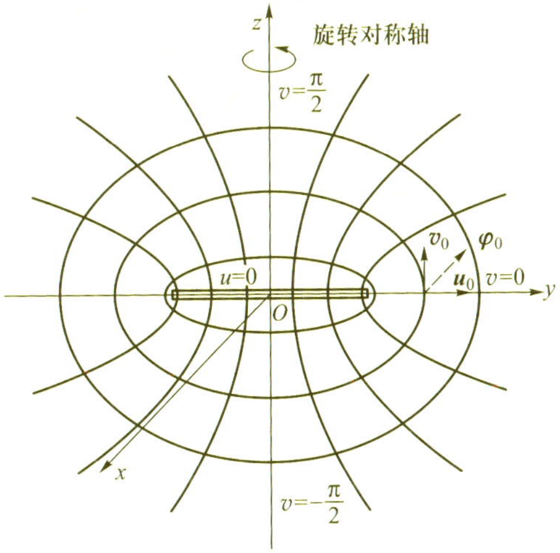

图 F-5

扁球面坐标系的拉梅系数为

$$\begin{gathered}H_u=H_v=a(\sinh^2 u+\sin^2 v)^{\frac{1}{2}}=a(\cosh^2 u-\cos^2 v)^{\frac{1}{2}},\\ H_\varphi=a\cosh u\cos v.\end{gathered} \tag{10}$$

6. 旋转抛物面坐标系

点 M 在空间的旋转抛物面坐标是这样的三个有序数(ξ,η,φ),它与直角坐标的关系是

$$\begin{aligned} x &= \xi\eta\cos\varphi, \\ y &= \xi\eta\sin\varphi, \\ z &= \frac{1}{2}(\eta^2-\xi^2). \end{aligned} \tag{11}$$

坐标 ξ,η,φ 的变化范围是

$$0\leqslant\xi<+\infty,\quad 0\leqslant\eta<+\infty,\quad 0\leqslant\varphi\leqslant 2\pi.$$

在旋转抛物面坐标系中,坐标曲面是

ξ=常数,为绕 Oz 轴正向旋转的抛物面

$$z+\frac{\xi^2}{2}=\frac{1}{2\xi^2}(x^2+y^2).$$

η=常数,为绕 Oz 轴负向旋转的抛物面

$$z-\frac{\eta^2}{2}=-\frac{1}{2\eta^2}(x^2+y^2).$$

φ=常数,为以 Oz 轴为界的半平面

$$y=\tan\varphi x.$$

如图 F-6.此图是由上述的两种旋转抛物面与 yOz 面相交而成的两族抛物线构成.

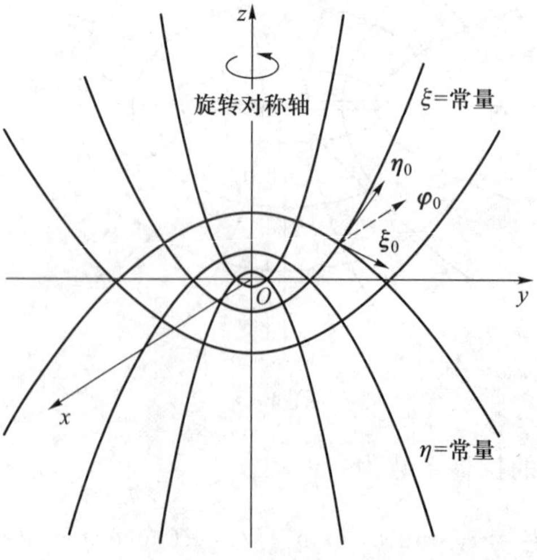

图 F-6

旋转抛物面坐标系的拉梅系数为

$$H_{\xi}=H_{\eta}=(\xi^{2}+\eta^{2})^{\frac{1}{2}},\quad H_{\varphi}=\xi\eta. \tag{12}$$

7. 圆环面坐标系

点 M 在空间的圆环面坐标是这样的三个有序数(ξ,η,φ)，它与直角坐标的关系是

$$\begin{aligned} x&=\frac{a\sinh\eta\cos\varphi}{\cosh\eta-\cos\xi},\\ y&=\frac{a\sinh\eta\sin\varphi}{\cosh\eta-\cos\xi},\\ z&=\frac{a\sin\xi}{\cosh\eta-\cos\xi}. \end{aligned} \tag{13}$$

坐标 ξ,η,φ 的变化范围是

$$0\leqslant\xi\leqslant2\pi,\quad 0\leqslant\eta<+\infty,\quad 0\leqslant\varphi\leqslant2\pi.$$

在圆环面坐标系中，坐标曲面是

ξ=常数，为球面

$$x^{2}+y^{2}+(z-a\cot\xi)^{2}=(a\csc\xi)^{2}.$$

η=常数，为圆环面

$$4a^{2}\coth^{2}\eta(x^{2}+y^{2})=(x^{2}+y^{2}+z^{2}+a^{2})^{2},$$

或写为

$$4R^{2}(x^{2}+y^{2})=(x^{2}+y^{2}+z^{2}+R^{2}-r^{2})^{2},$$

其中 $R=a\coth\eta, r=a\operatorname{csch}\eta$.

由此可知，此圆环面是在 yOz 面上的圆$(y-R)^{2}+z^{2}=r^{2}$ 绕 Oz 轴旋转一周所形成的旋转曲面．从而看出 r 为此圆之半径，R 为此圆圆心之轨迹圆之半径．

φ=常数，为以 Oz 轴为界的半平面

$$y=\tan\varphi x.$$

如图 F-7. 此图是由上述的球面、圆环面与 yOz 面的两族交线构成．一族为中心在 Oz 轴上的圆，它们都通过 Oy 轴上的 $y=a$ 和 $y=-a$ 两点；另一族为中心在 Oy 轴上且关于 Oz 轴对称的圆对．

圆环面坐标系的拉梅系数为

$$H_{\xi}=H_{\eta}=\frac{a}{\cosh\eta-\cos\xi},\quad H_{\varphi}=\frac{a\sinh\eta}{\cosh\eta-\cos\xi}. \tag{14}$$

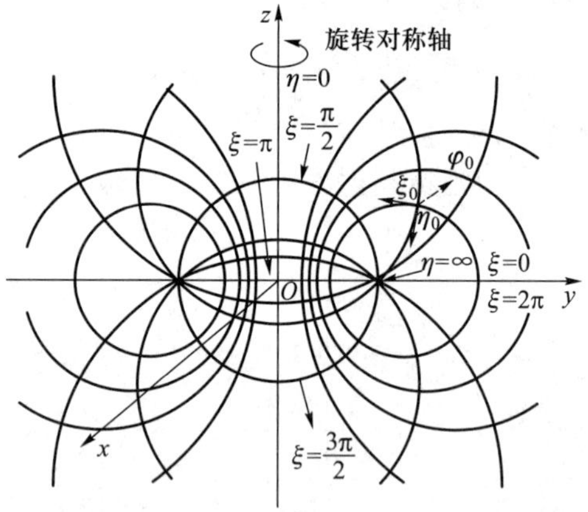

图 F-7

8. 双球面坐标系

点 M 在空间的双球面坐标是这样的三个有序数(ξ,η,φ)，它与直角坐标的关系是

$$\begin{aligned}x&=\frac{a\sin\xi\cos\varphi}{\cosh\eta-\cos\xi},\\y&=\frac{a\sin\xi\sin\varphi}{\cosh\eta-\cos\xi},\\z&=\frac{a\sinh\eta}{\cosh\eta-\cos\xi}.\end{aligned}\tag{15}$$

坐标 ξ,η,φ 的变化范围是

$$0\leqslant\xi\leqslant\pi,\quad -\infty<\eta<+\infty,\quad 0\leqslant\varphi\leqslant2\pi.$$

在双球面坐标系中，坐标曲面是

ξ=常数，为绕 Oz 轴的四次旋转曲面

$$(x^2+y^2+z^2-a^2)^2=4a^2\cot^2\xi(x^2+y^2).$$

η=常数，为球面

$$x^2+y^2+(z-a\coth\eta)^2=(a\operatorname{csch}\eta)^2.$$

φ=常数，为以 Oz 轴为界的半平面

$$y=\tan\varphi x.$$

如图 F-8. 此图是由上述的四次旋转曲面、球面与 yOz 面的两族交线构成．一族为中心在 Oy 轴上且关于 Oz 轴对称的圆对，而且它们都通过在 Oz 轴上的 $z=a$ 和 $z=-a$ 两点；另一族为中心在 Oz 轴上的圆．

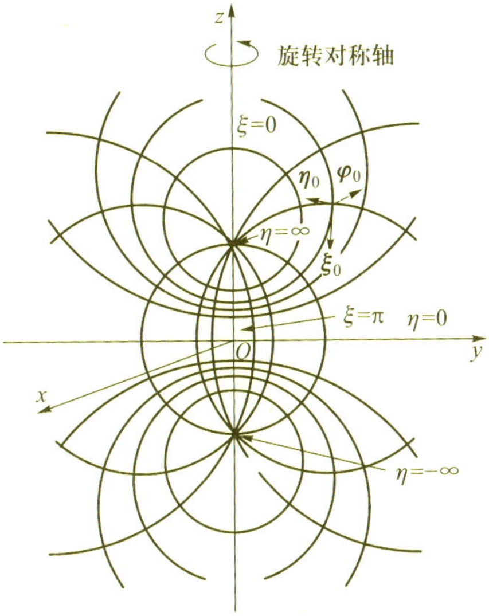

图 F-8

双球面坐标系的拉梅系数为

$$H_{\xi}=H_{\eta}=\frac{a}{\cosh\eta-\cos\xi},\quad H_{\varphi}=\frac{a\sin\xi}{\cosh\eta-\cos\xi}. \tag{16}$$

9. 椭球面坐标系

点 M 在空间的椭球面坐标是这样的三个有序数 (ξ,η,ζ)，它与直角坐标的关系是

$$\begin{aligned}x^{2}&=\frac{(a^{2}-\xi)(a^{2}-\eta)(a^{2}-\zeta)}{(a^{2}-b^{2})(a^{2}-c^{2})},\\ y^{2}&=\frac{(b^{2}-\xi)(b^{2}-\eta)(\zeta-b^{2})}{(a^{2}-b^{2})(b^{2}-c^{2})},\\ z^{2}&=\frac{(c^{2}-\xi)(\eta-c^{2})(\zeta-c^{2})}{(a^{2}-c^{2})(b^{2}-c^{2})}.\end{aligned} \tag{17}$$

坐标 ξ,η,ζ 满足

$$a^{2}>\zeta>b^{2}>\eta>c^{2}>\xi.$$

在椭球面坐标系中，坐标曲面是

$\xi=$ 常数，为椭球面

$$\frac{x^{2}}{a^{2}-\xi}+\frac{y^{2}}{b^{2}-\xi}+\frac{z^{2}}{c^{2}-\xi}=1.$$

η = 常数，为单叶双曲面

$$\frac{x^2}{a^2-\eta}+\frac{y^2}{b^2-\eta}-\frac{z^2}{\eta-c^2}=1.$$

ζ = 常数，为双叶双曲面

$$\frac{x^2}{a^2-\zeta}-\frac{y^2}{\zeta-b^2}-\frac{z^2}{\zeta-c^2}=1.$$

椭圆坐标系的拉梅系数为

$$\begin{aligned} H_\xi &= \frac{1}{2}\left[\frac{(\eta-\xi)(\zeta-\xi)}{(a^2-\xi)(b^2-\xi)(c^2-\xi)}\right]^{\frac{1}{2}}, \\ H_\eta &= \frac{1}{2}\left[\frac{(\zeta-\eta)(\eta-\xi)}{(a^2-\eta)(b^2-\eta)(\eta-c^2)}\right]^{\frac{1}{2}}, \\ H_\zeta &= \frac{1}{2}\left[\frac{(\zeta-\xi)(\zeta-\eta)}{(a^2-\zeta)(\zeta-b^2)(\zeta-c^2)}\right]^{\frac{1}{2}}. \end{aligned} \tag{18}$$

10. 锥面坐标系

点 M 在空间的锥面坐标是这样的三个有序数 (ξ,η,ζ)，它与直角坐标的关系是

$$\begin{aligned} x^2 &= \left(\frac{\xi\eta\zeta}{bc}\right)^2, \\ y^2 &= \frac{\xi^2(\eta^2-b^2)(b^2-\zeta^2)}{b^2(c^2-b^2)}, \\ z^2 &= \frac{\xi^2(c^2-\eta^2)(c^2-\zeta^2)}{c^2(c^2-b^2)}. \end{aligned} \tag{19}$$

坐标 ξ,η,ζ 满足

$$0 \leqslant \xi < +\infty,\quad c^2 > \eta^2 > b^2 > \zeta^2.$$

在锥面坐标系中，坐标曲面是

ξ = 常数，为球面

$$x^2+y^2+z^2=\xi^2.$$

η = 常数，为以原点为顶点以 Oz 轴为轴的椭圆锥面

$$\frac{x^2}{\eta^2}+\frac{y^2}{\eta^2-b^2}=\frac{z^2}{c^2-\eta^2}.$$

ζ = 常数，为以原点为顶点以 Ox 轴为轴的椭圆锥面

$$\frac{x^2}{\zeta^2}=\frac{y^2}{b^2-\zeta^2}+\frac{z^2}{c^2-\zeta^2}.$$

锥面坐标的拉梅系数为

$$H_\xi=1,$$

$$H_\eta=\left[\frac{\xi^2(\eta^2-\zeta^2)}{(\eta^2-b^2)(c^2-\eta^2)}\right]^{\frac{1}{2}},\tag{20}$$

$$H_\zeta=\left[\frac{\xi^2(\eta^2-\zeta^2)}{(b^2-\zeta^2)(c^2-\zeta^2)}\right]^{\frac{1}{2}}.$$

11. 抛物面坐标系

点 M 在空间的抛物面坐标是这样的三个有序数(ξ,η,ζ)，它与直角坐标的关系是

$$x^2=\frac{(a^2-\xi)(a^2-\eta)(\zeta-a^2)}{a^2-b^2},$$

$$y^2=\frac{(b^2-\xi)(\eta-b^2)(\zeta-b^2)}{a^2-b^2},\tag{21}$$

$$z=\frac{1}{2}(a^2+b^2-\xi-\eta-\zeta).$$

坐标 ξ,η,ζ 满足

$$\zeta>a^2>\eta>b^2>\xi.$$

在抛物面坐标系中，坐标曲面是

ξ=常数，为向 Oz 轴负向延伸的椭圆抛物面

$$\frac{x^2}{a^2-\xi}+\frac{y^2}{b^2-\xi}+2z+\xi=0.$$

η=常数，为双曲抛物面

$$\frac{x^2}{a^2-\eta}-\frac{y^2}{\eta-b^2}+2z+\eta=0.$$

ζ=常数，为向 Oz 轴正向延伸的椭圆抛物面

$$\frac{x^2}{\zeta-a^2}+\frac{y^2}{\zeta-b^2}-2z-\zeta=0.$$

抛物面坐标系的拉梅系数为

$$H_\xi=\frac{1}{2}\left[\frac{(\eta-\xi)(\zeta-\xi)}{(a^2-\xi)(b^2-\xi)}\right]^{\frac{1}{2}},$$

$$H_\eta=\frac{1}{2}\left[\frac{(\zeta-\eta)(\eta-\xi)}{(a^2-\eta)(\eta-b^2)}\right]^{\frac{1}{2}},\tag{22}$$

$$H_\zeta=\frac{1}{2}\left[\frac{(\zeta-\xi)(\zeta-\eta)}{(\zeta-a^2)(\zeta-b^2)}\right]^{\frac{1}{2}}.$$

还须指出:上述的 11 种正交曲线坐标系并不都是右手坐标系,若因需要选用了其中某一种坐标系,一般应对其是否为右手坐标系进行考证,参看下面的例 1:

例 1　证明:

(1) 椭圆柱面坐标系为右手坐标系;

(2) 旋转抛物面坐标系不是右手坐标系.

证　(1) 椭圆柱面坐标系(u,v,z)与直角坐标系(x,y,z)的坐标之间的关系是

$$x=a\cosh u\cos v,\quad y=a\sinh u\sin v,\quad z=z.$$

椭圆柱面坐标系的拉梅系数是

$$H_u=H_v=a(\sinh^2 u+\sin^2 v)^{\frac{1}{2}},\quad H_z=1.$$

据此,按第四章中的公式(2.11)算出此坐标系的单位矢量 $\boldsymbol{e}_u,\boldsymbol{e}_v,\boldsymbol{e}_z$ 在直角坐标系中的表示式

$$\boldsymbol{e}_u=\frac{1}{H_u}a\sinh u\cos v\boldsymbol{i}+\frac{1}{H_u}a\cosh u\sin v\boldsymbol{j}+0\boldsymbol{k},$$

$$\boldsymbol{e}_v=-\frac{1}{H_v}a\cosh u\sin v\boldsymbol{i}+\frac{1}{H_v}a\sinh u\cos v\boldsymbol{j}+0\boldsymbol{k}$$

$$\boldsymbol{e}_z=0\boldsymbol{i}+0\boldsymbol{j}+\boldsymbol{k}$$

于是有

$$\begin{aligned}\boldsymbol{e}_u\times\boldsymbol{e}_v&=0\boldsymbol{i}+0\boldsymbol{j}+\frac{a^2}{H_uH_v}(\sinh^2u\cos^2v+\cosh^2u\sin^2v)\boldsymbol{k}\\&=0\boldsymbol{i}+0\boldsymbol{j}+\frac{a^2}{H_uH_v}(\sinh^2u+\sin^2v)\boldsymbol{k}\\&=0\boldsymbol{i}+0\boldsymbol{j}+\boldsymbol{k}=\boldsymbol{e}_z.\end{aligned}$$

所以,此坐标系为右手坐标系.

(2) 旋转抛物面坐标系(ξ,η,φ)与直角坐标系(x,y,z)的坐标之间的关系是

$$x=\xi\eta\cos\varphi,\quad y=\xi\eta\sin\varphi,\quad z=\frac{1}{2}(\eta^2-\xi^2).$$

旋转抛物面坐标系的拉梅系数是

$$H_\xi=H_\eta=(\xi^2+\eta^2)^{\frac{1}{2}},\quad H_\varphi=\xi\eta.$$

据此,按第四章中的公式(2.11)算出此坐标系的单位矢量 $\boldsymbol{e}_\xi,\boldsymbol{e}_\eta,\boldsymbol{e}_\varphi$ 在直角坐标系中的表示式

$$\boldsymbol{e}_\xi=\frac{1}{H_\xi}\eta\cos\varphi\boldsymbol{i}+\frac{1}{H_\xi}\eta\sin\varphi\boldsymbol{j}-\frac{1}{H_\xi}\xi\boldsymbol{k},$$

$$\boldsymbol{e}_\eta=\frac{1}{H_\eta}\xi\cos\varphi\boldsymbol{i}+\frac{1}{H_\eta}\xi\sin\varphi\boldsymbol{j}+\frac{1}{H_\eta}\eta\boldsymbol{k},$$

$$\boldsymbol{e}_\varphi=-\sin\varphi\boldsymbol{i}+\cos\varphi\boldsymbol{j}+0\boldsymbol{k}.$$

于是有

$$\begin{aligned}\boldsymbol{e}_\xi\times\boldsymbol{e}_\eta&=\frac{1}{H_\xi H_\eta}(\xi^2+\eta^2)\sin\varphi\boldsymbol{i}-\frac{1}{H_\xi H_\eta}(\xi^2+\eta^2)\cos\varphi\boldsymbol{j}+0\boldsymbol{k}\\&=\sin\varphi\boldsymbol{i}-\cos\varphi\boldsymbol{j}+0\boldsymbol{k}=-\boldsymbol{e}_\varphi.\end{aligned}$$

所以,此坐标系不是右手坐标系.

然而,上式显然可以改写成

$$\boldsymbol{e}_\eta\times\boldsymbol{e}_\xi=\boldsymbol{e}_\varphi.$$

这表明:只要对换此坐标系(ξ,η,φ)中 ξ 与 η 的坐标位置,使其坐标顺序成为(η,ξ,φ),则此坐标系就成为右手坐标系了.

例 2　求矢量场 $\boldsymbol{A}$ 的旋度 $\mathbf{rot}\,\boldsymbol{A}$ 在旋转抛物面坐标系(ξ,η,φ)中的表示式.

解　由上面的例 1 知道,旋转抛物面坐标系不是右手坐标系,为了应用第四章中的(3.7)式来得到所求的表示式,我们将此坐标系中 ξ 和 η 的坐标位置对换,使此坐标系成为右手坐标系.依此,取

$$\eta=q_1,\quad \xi=q_2,\quad \varphi=q_3.$$

由此,将矢量 $\boldsymbol{A}=A_\eta\boldsymbol{e}_\eta+A_\xi\boldsymbol{e}_\xi+A_\varphi\boldsymbol{e}_\varphi$ 的坐标,连同此坐标系的拉梅系数 $H_\eta=H_\xi=(\xi^2+\eta^2)^{\frac{1}{2}},H_\varphi=\xi\eta$ 一起代入上述的(3.7)式,即得到所求的表示式:

$$\begin{aligned}\mathbf{rot}\,\boldsymbol{A}=&\frac{1}{\xi\eta\sqrt{\xi^2+\eta^2}}\left[\eta\frac{\partial}{\partial\xi}(\xi A_\varphi)-\frac{\partial}{\partial\varphi}(\sqrt{\xi^2+\eta^2}A_\xi)\right]\boldsymbol{e}_\eta+\\&\frac{1}{\xi\eta\sqrt{\xi^2+\eta^2}}\left[\frac{\partial}{\partial\varphi}(\sqrt{\xi^2+\eta^2}A_\eta)-\xi\frac{\partial}{\partial\eta}(\eta A_\varphi)\right]\boldsymbol{e}_\xi+\end{aligned}$$

$$\frac{1}{\xi^2+\eta^2}\left[\frac{\partial}{\partial\eta}(\sqrt{\xi^2+\eta^2}A_\xi)-\frac{\partial}{\partial\xi}(\sqrt{\xi^2+\eta^2}A_\eta)\right]\boldsymbol{e}_\varphi,$$

或

$$\textbf{rot}\,\boldsymbol{A}=\frac{1}{\xi\eta(\xi^2+\eta^2)}\begin{vmatrix}\sqrt{\xi^2+\eta^2}\boldsymbol{e}_\eta & \sqrt{\xi^2+\eta^2}\boldsymbol{e}_\xi & \xi\eta\boldsymbol{e}_\varphi\\ \dfrac{\partial}{\partial\eta} & \dfrac{\partial}{\partial\xi} & \dfrac{\partial}{\partial\varphi}\\ \sqrt{\xi^2+\eta^2}A_\eta & \sqrt{\xi^2+\eta^2}A_\xi & \xi\eta A_\varphi\end{vmatrix}.$$

例 3　在抛物柱面坐标系中,证明矢量场

$$\boldsymbol{A}(\xi,\eta,z)=\sqrt{\xi^2+\eta^2}z\boldsymbol{e}_\xi+\frac{2\xi\eta z}{\sqrt{\xi^2+\eta^2}}\boldsymbol{e}_\eta+\left(\frac{1}{3}\xi^3+\xi\eta^2\right)\boldsymbol{e}_z$$

为有势场,并求其势函数 v.

解　抛物柱面坐标系中的拉梅系数为

$$H_\xi=H_\eta=\sqrt{\xi^2+\eta^2},\quad H_z=1.$$

由于此坐标系可证其为右手坐标系,故可直接视其坐标

$$\xi=q_1,\quad \eta=q_2,\quad z=q_3.$$

应用第四章中的(3.8)式,就得到

$$\begin{aligned}\textbf{rot}\,\boldsymbol{A}&=\frac{1}{H_\xi H_\eta H_z}\begin{vmatrix}H_\xi\boldsymbol{e}_\xi & H_\eta\boldsymbol{e}_\eta & H_z\boldsymbol{e}_z\\ \dfrac{\partial}{\partial\xi} & \dfrac{\partial}{\partial\eta} & \dfrac{\partial}{\partial z}\\ (\xi^2+\eta^2)z & 2\xi\eta z & \dfrac{1}{3}\xi^3+\xi\eta^2\end{vmatrix}\\ &=\frac{1}{H_\xi H_\eta H_z}\{(2\xi\eta-2\xi\eta)H_\xi\boldsymbol{e}_\xi+[(\xi^2+\eta^2)-(\xi^2+\eta^2)]H_\eta\boldsymbol{e}_\eta+\\ &\quad(2\eta z-2\eta z)H_z\boldsymbol{e}_z\}\\ &=\boldsymbol{0}.\end{aligned}$$

故 $\boldsymbol{A}$ 为有势场.在场中取一定点 $M_0(1,0,0)$ 按第四章公式(4.1)可得势函数为

$$\begin{aligned}v&=-\int_1^\xi 0\mathrm{d}\xi-\int_0^\eta 0\mathrm{d}\eta-\int_0^z\left(\frac{1}{3}\xi^3+\xi\eta^2\right)\mathrm{d}z+C\\ &=-\frac{1}{3}\xi^3z-\xi\eta^2z+C.\end{aligned}$$

例 4　在椭圆柱面坐标系 (u,v,z) 中,表达式

$$z\cosh u\cos v\mathrm{d}u - z\sinh u\sin v\mathrm{d}v + \sinh u\cos v\mathrm{d}z$$

是否为全微分式？若是，求其原函数 Φ.

解　椭圆柱面坐标系中的拉梅系数为

$$H_u = H_v = a(\sinh^2 u + \sin^2 v)^{\frac{1}{2}},\quad H_z = 1.$$

由于此坐标系在例 1 中已证其为右手坐标系，故可直接视其坐标

$$u = q_1,\quad v = q_2,\quad z = q_3.$$

作矢量场

$$\boldsymbol{A} = \frac{z\cosh u\cos v}{H_u}\boldsymbol{e}_u - \frac{z\sinh u\sin v}{H_v}\boldsymbol{e}_v + \frac{\sinh u\cos v}{H_z}\boldsymbol{e}_z.$$

应用第四章中的(3.8)式，就得到

$$\begin{aligned}\mathbf{rot}\,\boldsymbol{A} &= \frac{1}{H_uH_vH_z}\begin{vmatrix} H_u\boldsymbol{e}_u & H_v\boldsymbol{e}_v & H_z\boldsymbol{e}_z \\ \dfrac{\partial}{\partial u} & \dfrac{\partial}{\partial v} & \dfrac{\partial}{\partial z} \\ z\cosh u\cos v & -z\sinh u\sin v & \sinh u\cos v \end{vmatrix} \\ &= \frac{1}{H_uH_vH_z}[(-\sinh u\sin v + \sinh u\sin v)H_u\boldsymbol{e}_u + \\ &\quad (\cosh u\cos v - \cosh u\cos v)H_v\boldsymbol{e}_v + \\ &\quad (-z\cosh u\sin v + z\cosh u\sin v)H_z\boldsymbol{e}_z \\ &= \mathbf{0},\end{aligned}$$

故表达式为全微分式.在场中取一定点 $M_0(1,0,0)$，由第四章公式(4.1)可得其原函数为

$$\begin{aligned}\Phi &= \int_1^u 0\mathrm{d}u + \int_0^v 0\mathrm{d}v + \int_0^z \sinh u\cos v\mathrm{d}z + C \\ &= z\sinh u\cos v + C.\end{aligned}$$

例 5　证明旋转椭球 $\dfrac{x^2+y^2}{a_0^2}+\dfrac{z^2}{b_0^2}\leqslant 1$ 的体积为

$$V = \frac{4}{3}\pi a_0^2 b_0.$$

证　这里所讨论的问题与坐标系是否为右手坐标系无关，因此

(1) 若 $a_0^2<b_0^2$，则用长球面坐标．此时将所给椭球面方程与此坐标系中当 u 为常数时的一种坐标曲面即长球面方程

$$\frac{x^2+y^2}{a^2\sinh^2 u}+\frac{z^2}{a^2\cosh^2 u}=1$$

比较,可知存在常数 u_0 和 a 满足

$$a\sinh u_0=a_0,\quad a\cosh u_0=b_0,\quad b_0^2-a_0^2=a^2.$$

于是,体积

$$\begin{aligned}V&=\iiint_\Omega \mathrm{d}V=\iiint_\Omega H_uH_vH_\varphi \mathrm{d}u\mathrm{d}v\mathrm{d}\varphi\\&=\iiint_\Omega a^3(\cosh^2 u-\cos^2 v)\sinh u\sin v\mathrm{d}u\mathrm{d}v\mathrm{d}\varphi\\&=\int_0^{2\pi}\mathrm{d}\varphi\int_0^{\pi}\mathrm{d}v\int_0^{u_0}a^3(\cosh^2 u\sinh u\sin v-\sinh u\cos^2 v\sin v)\mathrm{d}u\\&=2\pi a^3\left[\int_0^{\pi}\sin v\mathrm{d}v\int_0^{u_0}\cosh^2 u\mathrm{d}(\cosh u)+\int_0^{\pi}\cos^2 v\mathrm{d}(\cos v)\int_0^{u_0}\sinh u\mathrm{d}u\right]\\&=2\pi a^3\left[\frac{2}{3}(\cosh^3 u_0-1)-\frac{2}{3}(\cosh u_0-1)\right]\\&=\frac{4}{3}\pi a^3\cosh u_0\sinh^2 u_0=\frac{4}{3}\pi b_0a_0^2.\end{aligned}$$

(2) 若 $a_0^2>b_0^2$,此时用扁球面坐标,则可类似得到相同的结果 .

例 6　计算积分 $\iiint_\Omega z^2\mathrm{d}V$,其中 Ω 是由曲面$\frac{x^2+y^2}{5^2}+\frac{z^2}{4^2}=1$ 所围成的空间区域 .

解　这里的曲面也是旋转椭球面,且

$$a_0=5>b_0=4,$$

因此选用扁球面坐标,此时将所给曲面方程与此坐标系中当 u 为常数时的一种坐标曲面即扁球面方程

$$\frac{x^2+y^2}{a^2\cosh^2 u}+\frac{z^2}{a^2\sinh^2 u}=1$$

比较,可知存在常数 u_0 及 a 满足

$$a\cosh u_0=5,\quad a\sinh u_0=4,\quad a=\sqrt{5^2-4^2}=3,$$

于是积分

$$\begin{aligned}\iiint_\Omega z^2\mathrm{d}V&=\iiint_\Omega a^2\sinh^2 u\sin^2 vH_uH_vH_\varphi \mathrm{d}u\mathrm{d}v\mathrm{d}\varphi\\&=\iiint_\Omega a^5\sinh^2 u\sin^2 v(\sinh^2 u+\sin^2 v)\cosh u\cos v\mathrm{d}u\mathrm{d}v\mathrm{d}\varphi\end{aligned}$$

$$= \int_0^{2\pi} d\varphi \int_{-\frac{\pi}{2}}^{\frac{\pi}{2}} dv \int_0^{u_0} a^5 (\sinh^4 u \sin^2 v \cosh u \cos v +$$

$$\sinh^2 u \sin^4 v \cosh u \cos v) du$$

$$= 2\pi a^5 \left[\int_{-\frac{\pi}{2}}^{\frac{\pi}{2}} \sin^2 v d(\sin v) \int_0^{u_0} \sinh^4 u d(\sinh u) + \right.$$

$$\left. \int_{-\frac{\pi}{2}}^{\frac{\pi}{2}} \sin^4 v d(\sin v) \int_0^{u_0} \sinh^2 u d(\sinh u) \right]$$

$$= 2\pi a^5 \left(\frac{2}{15} \sinh^5 u_0 + \frac{2}{15} \sinh^3 u_0 \right) = \frac{4\pi}{15} a^5 \sinh^3 u_0 \cosh^2 u_0$$

$$= \frac{4}{15} \pi 4^3 \cdot 5^2 = \frac{1\ 280}{3} \pi.$$

例 7　计算由两抛物线 $y=\frac{1}{2}\left(\frac{x^2}{4}-4\right)$ 与 $y=\frac{1}{2}\left(9-\frac{x^2}{9}\right)$ 所围成的图形的面积.

解　用抛物柱面坐标系,则其中的两个坐标曲面,即二抛物柱面

$$y = \frac{1}{2}\left(\frac{x^2}{\xi^2} - \xi^2\right) \ (\xi \text{ 与 } x \text{ 同号})$$

及

$$y = \frac{1}{2}\left(\eta^2 - \frac{x^2}{\eta^2}\right) \ (\eta > 0)$$

分别在 $\xi = \pm 2$ 和 $\eta = 3$ 时与 xOy 面的交线,依次为

$$y = \frac{1}{2}\left(\frac{x^2}{4} - 4\right) \text{ 及 } y = \frac{1}{2}\left(9 - \frac{x^2}{9}\right),$$

正好与命题所给的两曲线相同.如图 F-9.设其所围区域为 Σ,则所求面积为

$$S = \iint_{\Sigma} dS = \iint_D H_\xi H_\eta d\xi d\eta$$

$$= \iint_D (\xi^2 + \eta^2) d\xi d\eta = \int_{-2}^{2} d\xi \int_0^3 (\xi^2 + \eta^2) d\eta$$

$$= 2\int_0^2 \xi^2 d\xi \int_0^3 d\eta + 2\int_0^2 d\xi \int_0^3 \eta^2 d\eta = 52.$$

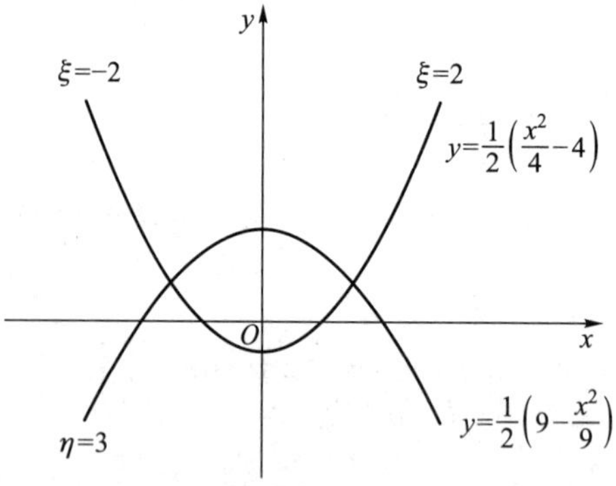

图 F-9

例 8　求圆环面 $4R_0^2(x^2+y^2)=(x^2+y^2+z^2+R_0^2-r_0^2)^2$ 的面积．

解　用圆环面坐标,则所给圆环面正好是此坐标系中当 η 为常数时的一个坐标曲面．由此知,存在常数 η_0 和 a 满足

$$R_0=a\coth\eta_0,\quad r_0=a\operatorname{csch}\eta_0,\quad R_0^2-r_0^2=a^2.$$

由此,所求面积为

$$\begin{aligned}S&=\oiint_{\Sigma}\mathrm{d}S=\iint_D H_\xi H_\varphi\mathrm{d}\xi\mathrm{d}\varphi=\iint_D\frac{a^2\sinh\eta_0}{(\cosh\eta_0-\cos\xi)^2}\mathrm{d}\xi\mathrm{d}\varphi\\&=a^2\sinh\eta_0\int_0^{2\pi}\mathrm{d}\varphi\int_0^{2\pi}\frac{\mathrm{d}\xi}{(\cosh\eta_0-\cos\xi)^2}\\&=2\pi a^2\sinh\eta_0\int_0^{2\pi}\frac{\mathrm{d}\xi}{(\cosh\eta_0-\cos\xi)^2}\\&=4\pi a^2\sinh\eta_0\int_0^{\pi}\frac{\mathrm{d}\xi}{(\cosh\eta_0-\cos\xi)^2}\\&=4\pi a^2\sinh\eta_0\cdot\frac{\pi\cosh\eta_0}{\sinh^3\eta_0}\\&=4\pi^2a^2\coth\eta_0\operatorname{csch}\eta_0=4\pi^2R_0r_0.\end{aligned}$$

习题 9

1. 在椭圆柱面坐标系中,令 $\cosh u=\xi,\cos v=\eta,z=\zeta$,试求拉梅系数 H_ξ, H_η,H_ζ.

2. 设另一种旋转抛物面坐标(ξ,η,φ),它与直角坐标的关系为

$$x=\sqrt{\xi\eta}\cos\varphi,\quad y=\sqrt{\xi\eta}\sin\varphi,\quad z=\frac{1}{2}(\xi-\eta).$$

(1) 求此种坐标系的坐标曲面；

(2) 求拉梅系数 H_ξ, H_η, H_φ.

3. 在上题的坐标系(ξ,η,φ)中,证明矢量场

$$\boldsymbol{A}(\xi,\eta,\varphi)=\frac{2\sqrt{\xi}\eta\sin 2\varphi}{\sqrt{\xi+\eta}}\boldsymbol{e}_\xi+\frac{2\xi\sqrt{\eta}\sin 2\varphi}{\sqrt{\xi+\eta}}\boldsymbol{e}_\eta+2\sqrt{\xi\eta}\cos 2\varphi\boldsymbol{e}_\varphi$$

为有势场,并求场的势函数.

4. 证明:

(1) 第 2 题中的另一种旋转抛物面坐标系为右手坐标系；

(2) 扁球面坐标系不是右手坐标系.

5. 计算积分 $\iiint\limits_\Omega \frac{1}{\sqrt{x^2+y^2}}\mathrm{d}V$,其中 Ω 是由曲面$\frac{x^2+y^2}{9}+\frac{z^2}{16}=1$ 所围成的空间区域.

6. 试用旋转抛物面坐标,计算由以下两旋转抛物面

$$z+\frac{1}{2}=\frac{1}{2}(x^2+y^2)\ \text{与}\ z-\frac{9}{2}=-\frac{1}{18}(x^2+y^2)$$

所围成的空间区域的体积.

部分习题参考答案

习　题　1

1. (1) $\boldsymbol{r}=a\cos t\boldsymbol{i}+b\sin t\boldsymbol{j}$,为 xOy 平面上之椭圆;

(2) $\boldsymbol{r}=3\sin t\boldsymbol{i}+4\sin t\boldsymbol{j}+3\cos t\boldsymbol{k}$,为平面 $4x-3y=0$ 与圆柱面 $x^2+z^2=3^2$ 之交线,是一椭圆.

2. $\boldsymbol{r}=(2a\cos\theta-a\cos 2\theta)\boldsymbol{i}+(2a\sin\theta-a\sin 2\theta)\boldsymbol{j}$.

3. 略.

4. $\boldsymbol{\tau}=\dfrac{\boldsymbol{i}+2t\boldsymbol{j}+2t^2\boldsymbol{k}}{1+2t^2}$.

5. 略.

6. $\boldsymbol{r}'\Big|_{t=\frac{\pi}{4}}=a\boldsymbol{i}-\dfrac{\sqrt{2}}{2}a\boldsymbol{k}$.

7. $\dfrac{x-5}{2}=\dfrac{y-5}{2}=\dfrac{z+4}{1}$, $\quad 2x+2y+z-16=0$.

8. $(-1,1,-1)$ 与 $\left(-\dfrac{1}{3},\dfrac{1}{9},-\dfrac{1}{27}\right)$.

9. 略.

10. 略.

11. $2\varphi\boldsymbol{e}(\varphi)+(2-\varphi^2)\boldsymbol{e}_1(\varphi)+\boldsymbol{C}$.

12. $\boldsymbol{X}=\dfrac{1}{2}\boldsymbol{P}\times(\boldsymbol{Q}\sin 2t-\boldsymbol{R}\cos 2t)+\boldsymbol{C}$.

13. $\boldsymbol{A}\times\boldsymbol{B}+\boldsymbol{C}$.

14. 0.

15. (1) $v_r=\dfrac{\mathrm{d}r}{\mathrm{d}t}, v_\varphi=r\dfrac{\mathrm{d}\varphi}{\mathrm{d}t}$;

(2) $w_r=\dfrac{\mathrm{d}^2r}{\mathrm{d}t^2}-r\left(\dfrac{\mathrm{d}\varphi}{\mathrm{d}t}\right)^2, w_\varphi=r\dfrac{\mathrm{d}^2\varphi}{\mathrm{d}t^2}+2\dfrac{\mathrm{d}r}{\mathrm{d}t}\dfrac{\mathrm{d}\varphi}{\mathrm{d}t}$.

16. $\boldsymbol{v}=R\omega\boldsymbol{e}_1(\omega t)$, $\boldsymbol{w}=-R\omega^2\boldsymbol{e}(\omega t)$, $\boldsymbol{v}$ 与 $\boldsymbol{r}$ 垂直, $\boldsymbol{w}$ 与 $\boldsymbol{r}$ 平行,但指向相反.

*17—*19. 略.

习　题　2

1. (1) 场所在的空间区域是除去平面 $Ax+By+Cz+D=0$ 以外的全部空间,场的等值

面为

$$\frac{1}{Ax+By+Cz+D}=C_1,$$

或

$$Ax+By+Cz+D-\frac{1}{C_1}=0\ (C_1\neq 0\ \text{为任意常数}),$$

这是与平面 $Ax+By+Cz+D=0$ 平行的一族平面；

(2) 场所在的空间区域是坐标满足 $z^2\leqslant x^2+y^2$ 的点所组成的空间部分(除原点外)，场的等值面为

$$z^2=(x^2+y^2)\sin^2 C\ (x^2+y^2\neq 0),$$

当 $\sin C\neq 0$ 时，是顶点在坐标原点的一族圆锥面(除顶点外)，当 $\sin C=0$ 时，是除去原点的 xOy 平面 .

2. $z=x^2+y^2(z\neq 0)$.

3. $xy=2$.

4. $\begin{cases}x^2-y^2=C_1,\\ z=C_2x\end{cases}$ (C_1,C_2 为任意常数).

5. $\begin{cases}\dfrac{1}{x}=\dfrac{1}{y}-\dfrac{1}{2},\\ x-y=z,\end{cases}$ 或 $\begin{cases}\dfrac{1}{x}=\dfrac{1}{y}-\dfrac{1}{2},\\ xy=2z.\end{cases}$

*6. $x^2+(y-z^2+16)^2=R^2$.

*7. 略.

习 题 3

1. 4.

2. $\dfrac{24}{\sqrt{14}}$.

3. 最大方向为 $\mathbf{grad}\ u|_M=-4\boldsymbol{i}-4\boldsymbol{j}+12\boldsymbol{k}$，最大值为 $4\sqrt{11}$.

4. 等值线除 $u=0$ 时为二直线外，其余的都是以 Ox 轴为实轴的等轴双曲线；在点 M_1，M_2 处的梯度为

$$\mathbf{grad}\ u|_{M_1}=2\boldsymbol{i}-\sqrt{2}\boldsymbol{j},\quad \mathbf{grad}\ u|_{M_2}=3\boldsymbol{i}-\sqrt{7}\boldsymbol{j},$$

其图形都符合所问之事实 .

5. $\left.\dfrac{\partial u}{\partial l}\right|_P=\dfrac{22}{\sqrt{14}}$.

6. 在 $O(0,0,0)$ 与 $A(1,1,1)$ 处梯度的模依次为 7 与 $3\sqrt{5}$，方向余弦依次为$\dfrac{3}{7},\dfrac{-2}{7},\dfrac{-6}{7}$

与$\frac{2}{\sqrt{5}}$,$\frac{1}{\sqrt{5}}$,0;梯度为**0**之点是(-2,1,1).

7. $\frac{x-1}{2}=\frac{y+2}{1}=\frac{z-3}{2}$.

8. $\left.\frac{\partial u}{\partial n}\right|_M=-2\sqrt{35}$.

9—*12. 略.

习 题 4

1. $\Phi=2\pi a^3$.

2. $Q=-\frac{1}{2}\pi h^2$.

3. 192π.

4. (1) $3x^2+2y+3z^2$; (2) 0; (3) $y\cos x-x\sin y+1$.

5. (1) 6; (2) 8; (3) 36.

6. $3x^2y^2z^3-8xy^3z^3+2x^2yz^4$.

7. (1) $\Phi=\frac{12}{5}\pi a^5$; (2) $\Phi=4\pi abc$.

8. (1) $\frac{1}{r}\boldsymbol{r}\cdot\boldsymbol{a}$; (2) $2\boldsymbol{r}\cdot\boldsymbol{a}$; (3) $nr^{n-2}\boldsymbol{r}\cdot\boldsymbol{a}$.

9. $n=-3$.

10. $\operatorname{div}\boldsymbol{H}=0$ $(r\neq0)$.

11. (1) $f(r)=\frac{C}{r^3}$ (C为任意常数);

(2) $f(r)=\frac{C_1}{r}+C_2$ (C_1,C_2为任意常数).

*12. 略.

习 题 5

1. $2\pi a^2$.

2. (1) $2\pi R^2$; (2) $2\pi R^2$.

3. $\frac{19}{3}$.

4. (1) $\operatorname{div}\boldsymbol{A}=(8x+3y)y$, $\mathbf{rot}\,\boldsymbol{A}=4xz\boldsymbol{i}+(1-2yz)\boldsymbol{j}-(z^2+3x^2)\boldsymbol{k}$;

(2) $\operatorname{div}\boldsymbol{A}=0$, $\mathbf{rot}\,\boldsymbol{A}=x(2y-x)\boldsymbol{i}+y(2z-y)\boldsymbol{j}+z(2x-z)\boldsymbol{k}$;

(3) $\operatorname{div} \boldsymbol{A}=P'(x)+Q'(y)+R'(z)$, $\mathbf{rot}\, \boldsymbol{A}=\mathbf{0}$.

5. $\mathbf{rot}(u\boldsymbol{A})=e^{xyz}[(2y+xy^2z-x^3y)\boldsymbol{i}+(2z+xyz^2-y^3z)\boldsymbol{j}+(2x+x^2yz-xz^3)\boldsymbol{k}]$.

6. $\mathbf{rot}(\boldsymbol{A}\times\boldsymbol{B})=4z(xz-4)\boldsymbol{j}+3x^2y\boldsymbol{k}$.

7. 略.

8. (1) $\mathbf{0}$; (2) $\mathbf{0}$; (3) $\dfrac{1}{r}f'(r)(\boldsymbol{r}\times\boldsymbol{C})$; (4) 0.

9—*12. 略.

习　题　6

1. (1) $v=\cos z-\sin xy+C$; (2) $v=-y^2\cos x-x^2\cos y+C$.

2. (1) 7; (2) 73.

3. (1) $u=\dfrac{1}{3}(x^3+y^3+z^3)-2xyz+C$; (2) $u=x^3+3x^2y^2+y^4+C$.

4. $a=-2$.

5—7. 略.

8. (1) 否; (2) $\boldsymbol{B}=\left[\dfrac{1}{3}(z^3-z_0^3)-x^2(y-y_0)\right]\boldsymbol{i}-y^2(z-z_0)\boldsymbol{j}+C\boldsymbol{k}$.

9. $u=x^2+2y^2+xy+2yz-3z^2$.

10. $\Delta u=6z+24xy-2z^3-6y^2z$.

11,12. 略.

13. (1) 力函数 $u=x^2-y^2+C'$, 势函数 $v=2xy+C$;

(2) 力线 $x^2-y^2=C_1$ 与等势线 $xy=C_2$ 均为双曲线族.

14. $v=2xy+\dfrac{1}{2}(y^2-x^2)+C$, $\boldsymbol{A}=(x-2y)\boldsymbol{i}-(2x+y)\boldsymbol{j}$.

习　题　7

1—*8. 略.

习　题　8

1. (1) 是正交的; (2) 不是正交的.

2. (1) $H_\xi=H_\theta=a\sqrt{\cosh^2\xi-\cos^2\theta}=a\sqrt{\sinh^2\xi+\sin^2\theta}$, $H_z=1$;

(2) $H_\rho=\sqrt{a^2\cos^2\theta+b^2\sin^2\theta}$, $H_\theta=\rho\sqrt{a^2\sin^2\theta+b^2\cos^2\theta}$, $H_z=1$.

3. $\boldsymbol{A}=2\rho\cos\varphi\boldsymbol{e}_\rho+\dfrac{1}{\rho}(z^2\cos\varphi-\rho^2\sin\varphi)\boldsymbol{e}_\varphi+2z\sin\varphi\boldsymbol{e}_z$,

$\text{div}\ \boldsymbol{A}=\left(2-\frac{z^2}{\rho^2}\right)\sin\varphi+3\cos\varphi.$

4. $\textbf{rot}\ \boldsymbol{A}=(2\sin\varphi+\sin 2\varphi)\boldsymbol{e}_z.$

5. 略.

6. $\boldsymbol{r}(\rho,\varphi,z)=\rho\boldsymbol{e}_\rho+z\boldsymbol{e}_z,\boldsymbol{r}(r,\theta,\varphi)=r\boldsymbol{e}_r.$

7. $\boldsymbol{C}=(C_1\sin\theta\cos\varphi+C_2\sin\theta\sin\varphi+C_3\cos\theta)\boldsymbol{e}_r+$
$(C_1\cos\theta\cos\varphi+C_2\cos\theta\sin\varphi-C_3\sin\theta)\boldsymbol{e}_\theta+$
$(C_2\cos\varphi-C_1\sin\varphi)\boldsymbol{e}_\varphi.$

8. $\textbf{grad}\ u=\left(2ar-\frac{3}{r^4}\right)\sin 2\theta\cos\varphi\boldsymbol{e}_r+2\left(ar+\frac{1}{r^4}\right)\cos 2\theta\cos\varphi\boldsymbol{e}_\theta-$
$2\left(ar+\frac{1}{r^4}\right)\cos\theta\sin\varphi\boldsymbol{e}_\varphi.$

9. $\Delta u=\frac{4\sin\theta}{r}+6\cos\varphi+\frac{2\cos 2\theta}{r\sin\theta}-\frac{\cos\varphi}{\sin^2\theta}.$

10. $\text{div}\ \boldsymbol{A}=0\ (r\neq 0).$

11. 势函数 $v=-r^2\sin\theta-\cos\varphi+C.$

12. $\rho\sin\varphi-z^2\cos\varphi+C.$

13. $\sqrt{2}.$

14. $\boldsymbol{B}=-2(r\sin^2\theta\sin\varphi+r^2\sin\theta)\boldsymbol{e}_r-r\sin 2\theta\sin\varphi\boldsymbol{e}_\theta+\frac{1}{r\sin\theta}\boldsymbol{e}_\varphi.$

15. $\frac{\partial\boldsymbol{e}_\rho}{\partial\rho}=\boldsymbol{0},\quad \frac{\partial\boldsymbol{e}_\rho}{\partial\varphi}=\boldsymbol{e}_\varphi,\quad \frac{\partial\boldsymbol{e}_\rho}{\partial z}=\boldsymbol{0},$
$\frac{\partial\boldsymbol{e}_\varphi}{\partial\rho}=\boldsymbol{0},\quad \frac{\partial\boldsymbol{e}_\varphi}{\partial\varphi}=-\boldsymbol{e}_\rho,\quad \frac{\partial\boldsymbol{e}_\varphi}{\partial z}=\boldsymbol{0},$
$\frac{\partial\boldsymbol{e}_z}{\partial\rho}=\boldsymbol{0},\quad \frac{\partial\boldsymbol{e}_z}{\partial\varphi}=\boldsymbol{0},\quad \frac{\partial\boldsymbol{e}_z}{\partial z}=\boldsymbol{0}.$

16. $\frac{\partial\boldsymbol{e}_r}{\partial r}=\boldsymbol{0},\quad \frac{\partial\boldsymbol{e}_r}{\partial\theta}=\boldsymbol{e}_\theta,\quad \frac{\partial\boldsymbol{e}_r}{\partial\varphi}=\sin\theta\boldsymbol{e}_\varphi,$
$\frac{\partial\boldsymbol{e}_\theta}{\partial r}=\boldsymbol{0},\quad \frac{\partial\boldsymbol{e}_\theta}{\partial\theta}=-\boldsymbol{e}_r,\quad \frac{\partial\boldsymbol{e}_\theta}{\partial\varphi}=\cos\theta\boldsymbol{e}_\varphi,$
$\frac{\partial\boldsymbol{e}_\varphi}{\partial r}=\boldsymbol{0},\quad \frac{\partial\boldsymbol{e}_\varphi}{\partial\theta}=\boldsymbol{0},\quad \frac{\partial\boldsymbol{e}_\varphi}{\partial\varphi}=-\sin\theta\boldsymbol{e}_r-\cos\theta\boldsymbol{e}_\theta.$

17. $\frac{\partial\boldsymbol{A}}{\partial\varphi}=(r^2\cos\varphi-\sin^2\theta)\boldsymbol{e}_r-\sin\theta\cos\theta\boldsymbol{e}_\theta+(r^2\sin\theta\sin\varphi+2r\cos^2\theta)\boldsymbol{e}_\varphi.$

习　题　9

1. $H_{\xi}=a\sqrt{\dfrac{\xi^{2}-\eta^{2}}{\xi^{2}-1}}$, $H_{\eta}=a\sqrt{\dfrac{\xi^{2}-\eta^{2}}{1-\eta^{2}}}$, $H_{\zeta}=1$.

2. (1) $\xi=$常数, $z-\dfrac{\xi}{2}=-\dfrac{1}{2\xi}(x^{2}+y^{2})$,

$\eta=$常数, $z+\dfrac{\eta}{2}=\dfrac{1}{2\eta}(x^{2}+y^{2})$,

$\varphi=$常数, $y=\tan\varphi x$;

(2) $H_{\xi}=\dfrac{1}{2}\sqrt{\dfrac{\xi+\eta}{\xi}}$, $H_{\eta}=\dfrac{1}{2}\sqrt{\dfrac{\xi+\eta}{\eta}}$, $H_{\varphi}=\sqrt{\xi\eta}$.

3. $v=-\xi\eta\sin 2\varphi+C$.

4. 略.

5. $12\pi^{2}$.

6. 22.5π.